乐活老年
心理和谐100岁

李澍晔　刘燕华 著

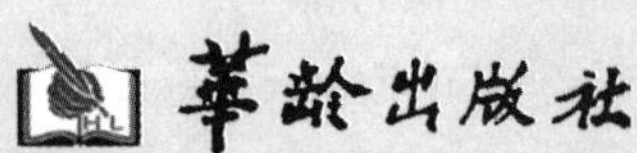

華龄出版社

责任编辑：程　扬　李梦娇
责任印制：李未圻

图书在版编目（CIP）数据

乐活老年：心理和谐100岁 / 李澍晔，刘燕华著．
—北京：华龄出版社，2015.1

ISNB 978-7-5169-0529-6

Ⅰ.①乐…　Ⅱ.①李…　②刘…　Ⅲ.①老年人—心理保健－基本知识　Ⅳ.①B844.4

中国版本图书馆CIP数据核字（2014）第310679号

书　　名：乐活老年　心理和谐100岁
作　　者：李澍晔　刘燕华　著
出版发行：华龄出版社
印　　刷：科伦克·三莱印务有限公司
版　　次：2015年1月第1版　2015年1月第1次印刷
开　　本：710×1000　1/16　印张：15.25
字　　数：160千字
定　　价：30.00元

地　　址：北京西城区鼓楼西大街41号　邮编：100009
电　　话：84044445（发行部）　传真：84039173
网　　址：http://www.hualingpress.com

前言

关注老年人心理健康，是全社会共同的责任。怎样才算真正健康呢？科学地讲，只有身、心都健康，才是真正的健康。目前，大多数家庭受传统观念的影响，对于老年人健康问题，有一个认识上的误区：肯投资购买高级补养品、健身器材用于老人身体的健康，却忽视了给老人及时送上心理“保健品”。

有些老年人对心理健康问题了解甚少，并不知道心理不健康也会引发疾病，甚至可能是不可逆转的疾病。老年心理疾病的范围比较广泛，轻重也不一样，综合起来讲主要有以下两个方面：一是自然衰老引起的心理疾病：当人进入老年，生理机能减退，躯体疾病增多，行动迟缓，思维迟钝，从而使心理功能降低，疑惑心理加重。如记忆力下降，感觉迟钝、情绪消沉、意志衰退，产生衰老感、恐惧感、忧虑感，患上老年性痴呆等等；二是角色转变引起的心理疾病：由于工作、地位、经济收入、家庭和社会地位的改变，容易产生失落、焦虑、沮丧、嫉妒、无用、孤独、愤怒、急躁和抑郁等心理。

有些老年人对身体疾病很重视，也注意治疗，但对于心理疾病却往往视而不见，等发展到了比较严重的地步，则悔之晚矣。老年人对身体疾病与心理疾病要同样重视，都要做到早诊断、早治疗。

在全世界的范围内，人口老龄化的问题日益突出，全社会都在关注老年群体，因此努力研究老年人的心理特点，提高老年人的心理健康水平，是当务之急。这本书以实例的形式出现，具有较强的可读性、实用性和借鉴性。

当您翻开这本书，看到别人的心理问题之时，也自然能查找到自己的心理问题，可以达到自我咨询、自我诊断、自我调理、自我安慰的目的。

李澍晔　刘燕华

2014年10月12日于北京郊区老房子

目录

前　言

上篇　看清自己的心理

一、我要明白！谁影响了我的心情？

1.退休的第6天开始　3
2.老伴没有招惹我啊　5
3.身体有了毛病　6
4.难道是儿女的错　8
5.有了“隔辈人”以后　10
6.与老同事不期而遇　11
7.拆迁是好事还是坏事　13
8.看了新闻报道以后　14
9.在亲人的追悼会上　15
10.老家人来了以后　17
11.觉得自己爱忘事以后　18
12.病床前的护士及病友　19
13.无名老者死亡而身边无人　21
14.电话仍然没有响　22
15.断绝“香火”了吗　24
16.星期天，儿子又要回家揩油了　25
17.原来的部下没有来看我　26
18.小区里的狗　28
19.孙子女朋友的头发是染黄的　29
20.麻将的声音　31

二、我要知道！老年心理健康的内容是什么？

1.心理特点　34
2.心理健康标准　35
3.远离遗忘　36
4.敏锐的观察能力　38

5.积极的创造力 39
6.良好的性格 41
7.健康的情绪与理智 42
8.心理健康自测表 43

三、我要心理健康！需要克服哪些不良心理？

1.克服“多疑” 46
2.克服“嫉妒” 47
3.克服“焦虑过度” 49
4.克服“冷漠” 50
5.克服“爱占小便宜” 52
6.克服“孤独” 53
7.克服“小心眼” 55
8.克服“钻牛角尖” 56
9.克服“失落” 57
10.克服“贪玩” 59
11.克服自杀心理 60
12.克服“迷信”心理 62
13.克服“抑郁”心理 63
14.克服“迷恋电视”心理 64
15.克服“依赖”心理 66

四、我要心理平衡！怎样调养呢？

1.充足的睡眠 69
2.善待万物 70
3.遇事不惊 72
4.勿大喜、大悲 74
5.欲望有度 75
6.家庭幸福 77
7.生活规律 78
8.悠闲的垂钓 80
9.科学运动 81
10.积极交流 83
11.舞文弄墨 84
12.花前月下 86
13.楚河汉界 87
14.淡薄名利 89
15.读书看报 90
16.坚持日记 92
17.常回老家看看 93
18.童心常在 95
19.老有所为 96
20.与时俱进 98

五、我要心理快乐！有“自助餐”吃吗？

1.倾诉法 102
2.音乐法 103
3.回归大自然理疗法 104
4.回忆理疗法 106
5.劳动法 107
6.桑拿法 109
7.集体温暖法 110
8.自寻其乐法 112

下篇 心理访谈实录

抑郁心理

1.搬家搬出烦恼 116
2.少言寡语的背后 118

离家出走心理

3.老伴意外去世 121
4.面对儿子的诸多不孝 124

自卑心理

5.儿子出了意外事情以后 127
6.女儿离婚以后 130

自杀心理

7.血尿之后 132
8.看孙子多次被粗暴拒绝 134

孤独心理

9.孩子都飞出了“巢穴” 137

10.老伴到女儿家照顾外孙女以后 139

害怕传染病心理

11.亲戚患了肝炎以后 142

12.家里发现了蟑螂以后 144

恐惧死亡心理

13.从殡仪馆回来以后 146

14.患病后茶饭不思 149

害怕动物心理

15.壁虎爬进家以后 151

16.在回老家的日子里 154

焦虑心理

17.看着马桶不知所措 156

18.老家来人小住以后 158

过分担心

19.儿子、孙子出门以后 160

20.自己成了“保姆” 162

多疑心理

21.总怀疑有坏人站在防盗门前 165

22.总感觉煤气开关没有关好 167

过于敏感心理

23. 当继父以后　169

24. 拼命吃减肥药　171

固执心理

25. 超强度锻炼身体　173

26. 还是偷着抱狗睡觉　175

迷信心理

27. 坚持切腹产　177

28. 孙子经常生病　179

婚外恋心理

29. 竟然提出离婚　181

30. 注重化妆打扮的背后　183

自责心理

31. 看到孩子家庭困难　185

32. 把孩子摔伤了　187

放不下心理

33. 没每天着急，血压也高了起来　189

34. 儿子正闹离婚　190

怀旧心理

35. 老照片被孩子扔掉以后　193

36. 古董被打碎以后　195

溺爱心理

37.为了保护孙子与儿子吵闹　197

38.不让女儿干一点活　199

嫉妒心理

39.隔壁家的狗太漂亮了　202

40.邻居家“车水马龙”　204

盲目消费心理

41.买东西没有计划　206

42.就爱买降价、处理的蔬菜　208

赌博心理

43.已经不是输赢的问题了　211

44.自认为是象棋高手　213

牢骚心理

45.经常说一些不利于安定团结的话　215

46.总觉得自己干的多了　218

封闭心理

47.怎么也不想出门　221

48.不爱参加任何活动　224

随众心理

49.他总是人云亦云　226

50.对偏方有兴趣　229

上篇

看清自己的心理

一、我要明白！
谁影响了我的心情？

1. 退休的第6天开始

“6”本身是个吉祥的数字，可是这个吉祥的数字里却隐藏着一个难解神秘。根据统计分析，长时间工作的老年人，突然宣布退休后，在没有其他爱好时，从第6天开始，心理就会出现极度不平衡的状态，失落感非常大，痛苦得令人难以忍受，国外称之为“退休初期综合症”。此时如果不认真地加以对待，及时进行心理定位和调整，就会产生严重的后果。家庭、社会，要关心即将退休和已经退休的老同志，让他们树立信心，勇敢地面对新的生活，不要自寻烦恼。即将退休的老年人自己也要有所准备，科学度过心理不应期。

“退休初期综合症”是每个刚刚退休的老人都要面对的，有的人自己心理调节能力强，很快就自行解决了；有的人自己心理调解能力弱，需要一个较常的调节时间，才能度过心理不应期。发生“退休初期综合症”的根本原因是，当人在一个比较紧张、有序的工作状态下，一下子松弛下来时，在强大的心理惯性的推动下，与缓慢、无约束的行为发生强大的冲突，造成心理失衡，使人出现焦虑、烦躁、看不惯、怠倦、消沉、无名怒火等等异常的心理现象。退休的老年人如何面对“退休初期综合症”的干扰呢？就是要科学安排好业余文化生活，心静如水，笑对人生。

精力充沛的王主任，退休后的行为令人不可思议

王主任在单位是公认的不知道疲倦的好领导，每天第一个进单位门，最后一个离开，大事小事都认真办理，忙的不亦乐乎。有时累得真想在家休息几天，好好地睡在床上放松放松。前不久，单位人员调整，他到了退休年龄，在没有思想准备的情况下就退休了。开始几天，还真的感到轻松了，觉得还是不上班好，睡在床上好。

可是到了第6天，他的心里就强烈地感觉到了有一种说不出来的难受滋味，魂不守舍，坐立不安，严重失眠了，看着表走得那么慢，急得抓耳挠腮；听着滴答、滴答的声音，就越发的烦躁；看电视也静不下心来，反复按遥控器，哪个节目也吸引不了他，体验到了生不如死的感觉。

数日后，他向老伴撒谎说："单位还要我去工作，从明天开始，我必须天天去办公室。"第二天，王主任早早地起床，拎着包就赶公共汽车去了。他家离单位非常远，有20多里地，从家到单位需要换3次车，很辛苦，每一次都是满头大汗。

到了单位附近，王主任看着门口，在没有人的地方转悠，然后躲到附近僻静之处，找一个砖头，呆坐在那儿，默默地看着天空，心事重重的样子，等到了中午开饭时间，就到附近小餐馆吃点面条，到了下班的时间，他又坐公共汽车回了家，到家后累得腰酸腿疼。电视也不看了，满脸的愁容，眼睛充血，目光呆滞，动不动就冲老伴发火，大声嚷嚷说："我是天底下最倒霉的人，一火车的烦心事都让我碰上了！真倒霉……"。老伴看到他激动的样子，也不知道如何劝他，只好敬而远之。

仔细想一想，其实烦心事都是自己找的，顺其自然就是快乐，快乐的事情多着呢，为什么非要找烦心的事呢？该反省一下自己的行为了。

哲人说："烦恼就像是一块电磁石，你的电越足；它的磁力越大，吸得你越紧，直至令你窒息而亡。"

"烦恼与快乐恰似一对亲兄弟，你与快乐称兄道弟，快乐就与你称兄道弟；你与烦恼称兄道弟，烦恼就与你称兄道弟。"

向烦恼宣战：烦恼谁都会遇到，懂得生活的人会设法适应环境，摆脱烦恼；而不懂得生活人，才一味地在烦恼的怪圈里挣扎。

2. 老伴没有招惹我啊

进入老年以后，夫妻间的关系就会变得越发的平淡、机械起来。许多没有心理准备的、不善于调节夫妻关系的老年人还会感到夫妻关系枯燥、乏味，从而出现厌倦、烦恼与后悔之心，复杂的心情难以言表，国外称之为“厌倦伴侣综合症”。伴侣还是以前的伴侣，没有任何变化，可就是看不习惯了。这个问题很多老年人都想回避，但却无法回避，所以必须认真对待。平时要加强学习，提高生活品味，勇敢地改善生活现状，使夫妻关体系变得积极健康起来。老年人要客观看待自己，清楚自己的生理与心理的变化规律，及早应对因生理与心理上的变化而产生的异常行为，把人生及爱情的第2个春天过得有意义。

性生活不和谐了，夫妻间的阴影怎么也来了？

60岁的赵叔叔从公司领导岗位上退了下来，由于他平时很注意锻炼与饮食，所以身体非常健康，精神也很好，性欲仍然很旺盛。退休前，由于经常加班与应酬，所以在房事上总是没有静下心来，按照他的话说，没有真正享受过性快乐。退休后，有时间体验房事的快乐了。可是，56岁的姚阿姨却令他失望了，他嫌老伴没有激情，不与他配合，让他有劲使不上，干着急。每次都是性趣十足地开始，扫兴、沮丧地结束，令他十分恼怒，觉得全部的生活都没有意义了。想发火，又觉得没有什么理由，只好把怒气忍在心里。现在他见到老伴就没有好气，不愿意搭理老伴。经常故意与老伴吵架，还以老伴烧的饭菜不好吃、家庭卫生搞得不好，无端地指责老伴。原本幸福、平静的家庭，现在充满着危机。其实，姚阿姨本身素质挺高，温柔大方，心地善良，处处想着丈夫与家庭，没有任何不对的地方。

她看到丈夫现在情绪急躁，无端地冲自己发火，她也不知道为什么，心里也觉得委屈，几次夜里偷偷地哭泣。

退休了就要平和地对待万事万物了，要好好地感受生活，品味生活；学会欣赏美丽的自然，欣赏身边的亲人，换个角度欣赏老伴。在对待夫妻性生活的问题上，要顺应人性的自然，多多了解性功能与年龄的关系，能够正确对待，轻松地把烦恼抛在脑后，寻找真正的快乐。

哲人说：“性生活是夫妻生活的一部分，并不是生活的全部。老年人性生活不一定是性器官的刺激，而抚慰、亲吻、肌体的接触也属于性生活范畴。男女性功能是有差异的，随着年龄的增长，性需求与性衰退的情况也相差很大，要细心体验，快乐就在其中。”

向烦恼宣战：现实生活中，老年人会遇到很多的实际问题，一定要客观地对待身体，理智地对待性问题，真情地对待伴侣，始终让幸福伴随在身边。纯粹因为性而烦恼，是多么不值得啊。

3. 身体有了毛病

60岁以后，人最害怕的是什么呢？根据调查，有80%的老年人最害怕的就是身体有病。老年心理学认为，健康是影响老年人情绪的罪魁祸首。许多老年人没有疾病时，情绪平稳，心情愉快，谈笑风生，活动很轻松。可是，一旦身体有了毛病，就像变了一个人似的，担心疾病恶化，担心死亡，悲伤的情绪愈演愈烈，恐惧心理加剧，甚至会出现自杀心理，国外称之为“老年疾病综合症”。本来没有什么大不了的疾病，每天心事重重，故意夸大病情，好像到了生死离别的地步。这种精神上的自虐，不但不利于疾病的治疗与恢复，

反而会加重病情，令人心力憔悴，丧失继续生活的勇气。老年人要正确看待自己身体健康问题，明白人吃五谷杂粮，没有不生病的道理。随着年龄的增长，人体器官功能也在逐渐衰退，某些器官发生病变只是时间问题，没有什么大惊小怪的。有了疾病不可怕，关键是要有战胜疾病的信心，坦然面对疾病与死亡。

检查出有糖尿病以后，怎么就判若两人了？

70岁的胡爷爷晚年生活很幸福，儿孙满堂，老伴身体也很健康。胡爷爷平时喜欢下象棋，每天到公园与棋友切磋，无忧无虑。最近，他感到总是口渴，特别爱饿，浑身无力，精神也不好了。到医院检查，发现是糖尿病。听说自己患了糖尿病，回家的路上，脑子里想了很多，老伴怎么办、儿子怎么办、女儿怎么办、孙子怎么办，最后一直想到死后墓地选择什么地方，心情十分沉重。到了家，胡爷爷阴沉着脸，把自己关进屋子里，捂头就睡觉。棋友找他来下棋，他没有好气地说不去，老伴问他吃不吃饭，他态度生硬地说："反正也活不长了，吃饭有什么用。"晚上，躺在床上翻来覆去睡不着，唉声叹气，家里的空气立即紧张起来。胡爷爷每天早起晨练的好习惯，现在也不坚持了，牙也不爱刷了，懒洋洋的样子，让人看着难受。老伴劝他不要有压力，只要按照医生的要求积极治疗，注意饮食，就没有什么问题。胡爷爷严肃地说："糖尿病终身不愈，得上了，就等于宣布死亡了。"

疾病没有什么可怕的，关键是自己要有一个正确的态度。对待疾病有两种态度，一是积极地治疗，坚信能战胜疾病，不向命运低头，坦然处之；二是消极地等待，甘愿做疾病的俘虏，自暴自弃，人为地放弃生命。面对疾病，您是什么态度呢？

哲人说：“身体的疾病不可怕，可怕的是不健康的心态。以什么心态对待疾病，疾病就会以什么态度对待你。既然你期待健康，那就赶快快乐起来，疾病就会远你而去。”

向烦恼宣战：疾病的确会影响老年人的正常生活，面对疾病要在战略上藐视它，在具体治疗与预防上重视它。害怕与担心都没有用，把与疾病做斗争当成乐趣，当成人生的一部分。

4. 难道是儿女的错

老年人与儿女之间或多或少地存在着隔膜，多数老年人希望儿女有什么话也不要瞒着，说的越多、越透彻、越及时越好，只有这样才觉得儿女与他们不分心。儿女一般不太愿意把更多的烦恼讲给老人听，觉得没有必要，讲了以后也没有意义，只能让老人伤心，或者干着急。由于双方想法存在着差异，于是就会出现沟通不及时的问题，甚至是善意的谎言。由此而引发了一系列的误会与不必要的矛盾，严重时还会造成老年人出现怀疑、嫉妒、冷淡等异常心理。现代心理学把这一现象称之为“家庭人为猜疑过度症”。这一现象绝对不能忽视，应该引起老年人的高度重视，任其发展下去只能是自陷苦海，自受其累。其实，在家庭里本不应该有什么可以怀疑的事情，老年人要有难得糊涂的心态，对儿女的事不要总是放不下，更不要过分地“着急”。儿女有儿女的生活，他们知道什么该与老人讲，什么不该与老人讲，不要太在意了。年龄大了，该放宽心了，千万不要自己与自己过不去了。

老家人去世，儿女没有告诉他，他像疯了一样

前几年，72岁的张爷爷老家的叔伯兄弟去世了，儿女知道他身体不好，怕他情绪激动，引发心脏病，就没有告诉他。儿女代表他给老家人寄了钱，以表示安慰。最近，老家人来电话，无意中说到了这件事，张爷爷知道叔伯兄弟去世以后，顿时情绪激动，与儿女吵了起来，大骂儿女无情无义，忘本了，学会撒谎了等等。由于太激动，老人不断惊叫、高声呼喊叔伯兄弟的名字，捶胸顿足，大汗直冒，面部肌肉抽搐，血压也高了起来。没有办法，家人只好把他送进医院治疗。儿女们担心他出什么事，赶紧在病床前解释原委，可是张爷爷根本听不进去，得寸进尺，三天一大骂，两天一小骂，吵的病房不得安生。有时，一天要反复四五次，而且越劝越激动，像疯了似的。儿女拿他一点办法也没有。

老年人要冷静地对待儿女隐瞒实情的问题，一些善意的谎言是可以理解的，换个角度考虑一下，兴许就是一份关心与爱护。其实，儿女本来就没有错。

哲人说："能装得糊涂的人，也就能把快乐装进心里；在一些琐碎的事情上，越糊涂，越快乐。"

向烦恼宣战：由于老年人很重视老感情，怀念老家人是老年人共有的特点，他们对老家的亲友去世很敏感。对待这种问题，家人隐瞒与不隐瞒要视情况而定，如果身体、情绪确实不允许告之，就隐瞒下去，或者以委婉的语气告诉老人。但有一个前提，儿女绝对不能凭主观想象办事，更不能草率决定，否则会引发不良的后果。

5. 有了“隔辈人”以后

没有隔辈人的老年人期盼着早一天有隔辈人，可是有了隔辈人以后的老年人，因为家庭格局发生了变化，没有很好地转变角色，反而增添了很多烦恼，甚至是沮丧、郁闷和莫名焦虑。心理专家称之为“家庭角色转变不应症”。不要小看这种异常的心理变化，若疏通不及时，不彻底的话，可能会造成严重的后果。现实生活中，隔辈人的出现，会给大家庭带来很多微妙的变化。家人可能会把关注的重心转移到孩子身上了，整个家庭对老年人自身的关心程度肯定会有所下降，老年人要有一个正确的认识，善于摆正自身的位置，不仅宽待他人，更要善待自己，安排好业余生活。遇到不顺心的事情，不要闷在心里，要及时与家人沟通，交换思想，把快乐的主动权掌握在自己的手中。

孙子生病与自己生病的对照

63岁的马叔叔有一个懂事的儿子，儿子与儿媳非常孝顺，对他格外照顾，经常给他买好吃的，买喜欢的衣服，还带他出去旅游，过生日也特别上心，每次他生病时都问寒问暖，关心倍至，使马叔叔感到自己是家里的中心人物。前不久，孙子出世，这一下家庭的格局发生了根本性的变化，儿子与儿媳把精力全部转移到孙子身上了，很少与他交流了。马叔叔感到了冷漠，觉得自己是多余之人，觉得儿子与儿媳变了。一天，孙子生病了，儿子、儿媳带孩子去看了专家，在床前伺候着，围着孩子转来转去，眼皮都不眨，生怕孩子有什么意外。恰好第2天，马叔叔也生病了，感冒发烧，非常难受，可是儿子、儿媳没有像往常那样照顾他，连水都没有给他倒一杯，他感到脑子里一片空白，望着小孙子，委屈的眼泪不住地淌了

下来。从此，马叔叔像是变了一个人似的，脸上失去了以往的笑容，更让他难受的是，现在一见到儿子、儿媳、孙子就觉得头痛，心口发堵，血压升高。感到世态炎凉，心如刀割，觉得活着没有什么意思。

老年人要正确认识这一现实问题，多理解现在的儿女，他们很不容易了，因为是独生子女，当孩子生病时，他们自然会把注意力全部转移到孩子身上。千万不要太计较，将心比心，就会想通了。其实，儿女并没有变心，只是自己的感觉罢了。

哲人说：“家庭之乐在于心，心静万事和；和则兴旺，和则生福，和则安康，和则美满。”

向烦恼宣战：细细品味一下，当今的年代，儿孙绕膝的老年人是多么的幸福啊。在幸福之门里，要倍加珍惜幸福，不要把自己创造的幸福毁在自己的手中。做儿女也要有所警觉，当有了孩子以后，在对待老年人的态度上，不应该有明显的变化，适当地予以老人更多的安慰，让老人不感到冷漠。

6. 与老同事不期而遇

有的老年人希望看到老同事，可是一旦看到老同事，又发生了意想不到的结局。当看到以前不如自己的老同事现在经济、身体都很好，超过自己很多，心中就有了不平衡，从而导致情绪异常，使自己生活在极度痛苦之中。从此，安逸的生活没有了，每天莫名其妙地焦虑、烦恼、发火，睡眠、食欲不好，看着子女、老伴也不顺眼，经常骂子女没有出息，骂老伴没有教育好孩子，面容愈加憔悴，精神不振。这种不正常的现象，心理专家称之为“失落与自卑混合症”。面对这种不健康的异常心理，必须要科学地疏导，积极地进行

自我调节，尽快使心理状态趋于平稳。“失落与自卑混合症”多发生在性格内向，嫉妒心强，现在生活状况一般，以前工作很风光的老年人身上。老年人应该重视这一现象，认真地看待与老同事相见的问题。

看到老同事从高级轿车里下来以后

70岁的宋主任退休10年了，与原单位的人几乎没有什么来往了。一天，他坐公共汽车去公园，在门口遇到了原单位的老同事，以前这位老同事只是一个普通的干部，很不起眼。只见老同事从一辆高级轿车里下来，红光满面的，还有一个年轻漂亮的女子陪护着。与老同事寒暄几句后，发现老同事的目光不友好，是用瞧不起人的语气与他说话。还向他炫耀孩子都是老总了，很孝顺，给他买了轿车，聘请了私人护士，配备了健身房等等。听了老同事的话，看着老同事高傲的样子，宋主任心中十分不悦，根本没有心情看公园的美好景色了，郁闷地坐公共汽车回了家。到了家以后，宋主任开始回忆，反复比较以前与老同事的地位与经济状况，觉得当时老同事根本不如他。越比越觉得心口发堵，无名的烦恼笼罩着自己的心头。

其实，人与人的情况不一样，家庭与家庭的情况也不一样，没有可比性。聪明的老年人根本不会去盲目地与老同事比，因为盲目地对比，会使自己心理发生微妙的变化，令人烦恼。

哲人说：“不现实的比较，会使人的心灵发生扭曲，让人变的狭隘、自私、嫉妒，终日不得安宁。”

向烦恼宣战：烦恼与郁闷是自己找的，而不是别人强加于你的。综观人世间的万物，既有美好的，也有丑恶的，看你怎么去对待，看你怎么去品味。

7. 拆迁是好事还是坏事

拆迁是好事，能改善住房条件，提高生活质量。可是有的老年人思想没有转过弯来，把本来应该高兴的事，搞的很痛苦。有些老年人说，没有拆迁，盼着拆迁，可是真的轮到自己了，心中的酸甜苦辣，还真不是滋味，怎样也高兴不起来，着急上火，苦不堪言，甚至急出毛病来了。心理专家称之为“拆迁综合症”。这种异常的心理状态，大多由怀旧、伤感、亲友离别引发的，应该引起广泛的重视，及时地做好预期的抚慰工作。

马上就要搬迁了，自己的血压也高了

刘阿姨在老街区生活了69年，对街区、胡同的一草一木都很有感情，对老街坊们更是情意浓浓的。随着城市改造，她家就要搬迁了。全街道的人都盼望着这一天的到来，可是不知道为什么，看着熟悉的老房子、电线杆子、老树、老商店，一样一样地被推倒，心里没有了当初的欢喜。脸上的笑容也逐渐没有了，情绪不稳定，整日感到烦恼，心情压抑，谁也不爱理睬了。要搬迁的邻居来向她告别，她总是泪如雨下，心如刀绞，晚上整夜睡不好觉，吃饭也没有以前的胃口了，人消瘦了很多，显得很虚弱。眼看着要到自己家搬迁了，刘阿姨感到天要塌下来了，精神支柱没有了，真是比死还难受。由于休息不好，着急上火，高血压病又犯了，无奈之下住进了医院。

怀旧是可以理解的，但是一定不要过于感情用事。要懂得幸福不是靠怀旧得来的，必须要珍惜现在的生活。老年人也要头脑清醒，无论出于什么原因，家庭幸福美满才是上策。

哲人说：新旧交替是事物发展的必然规律，新事物、新环境对人既是促进，又是挑战。在挑战中赢得快乐，那么这份快乐是幸福无比的。

向烦恼宣战：事实上，人对新事物感知度越高，获得的幸福与快乐越强烈，不要墨守成规了，要善于改变环境，适应环境，创造新环境。自己把握快乐的天平，设法让快乐向您倾斜，而不是让烦恼向您倾斜。

8. 看了新闻报道以后

孩子都大了，也都有自己的事业了，老人本来可以过上安逸幸福的日子了。可是，有相当多的喜欢看电视的老年人还是放不下孩子，对电视里播放的各种悲惨的信息，恐怖的画面特别敏感，而且还莫名其妙地进行联想，担心孩子也发生同样的意外惨剧，使本来平静的生活变得压抑、黑暗起来，心情也随之苦恼万分，好似大难临头，难受的滋味难以诉说。心理专家称之为“信息敏感综合症”。这种异常心理的发生，主要是受到有关新闻、消息及刺激性的画面的干扰，心里负担加重，由此引发担忧、焦虑等不良心理。对患有“信息敏感综合症”的老年人，千万不能置之不理，更不能耻笑他们，必须及时、细致的做好疏导工作。

看到空难飞机、汽车翻下大桥的惨烈画面以后

今年66岁的许阿姨，退休在家没有什么爱好，就是爱看电视。每天坐在沙发上，平静地看着自己喜欢的电视节目。三个孩子均已成家，并且有一定社会地位和经济实力，都是单位的骨干。一天看

电视时，新闻中播报了国外一架飞机失事的惨状，燃烧的残骸，遍布的遗物，在她脑海里翻腾；接着又看到了一条新闻，某地一辆客车翻下大桥，车毁人亡，情景惨烈；还没有平静下来呢，突然又在新闻中看到一辆汽车由于司机酒后开车被撞得面目全非，其状惨不忍睹。晚上许阿姨就睡不着觉了，悲惨的画面占满了脑海。平时，只要一想起孩子们经常坐飞机出差，上班都开汽车，儿子还喜欢喝酒，脑子里反复出现可怕的燃烧与人亡的景象，感到莫名其妙的焦躁与不安，电视也不想看了，总预感要出什么大事。

其实，生活中的很多事，并不像新闻中播报的那么恐怖，只要以平常之心对待，以自然的态度应对，就能够客观地看待突发事件了。烦恼自然也就没有市场了。就好像没有进过医院的人，不知道病人这么多的道理一样。

哲人说：天下本太平，虑者生烦，烦多生滞，滞郁结则心衰，衰则志乱，直至跌入万丈深渊，不能自拔。

向烦恼宣战：老年人的心事一般比较重，这是不争的事实。但是聪明的老年人是能够把敏感的事情淡化，在心理受到干扰后，知道如何分散注意力，如何通过培养兴趣，弥补精神上的空虚，从根本上使心态平和下来。

9. 在亲人的追悼会上

生死离别是人生必须要经历的事，躲是躲不掉的，一定要有充分的心理准备。多数老年人能正确对待，很自然地度过与亲人离别关。可是也有一些老年人不能正视这一问题，在与死亡的亲人告别时，或者听到亲人、朋友去世的消息后，无法承受痛苦与压力，悲

愤至极，几乎丧失生活的信心与勇气，觉得活着没有任何意义了。正常的生活几乎被打乱，没有心思干事，真是寝食难安。心理专家称之为“离别综合症”。“离别综合症”是一种混合的心理状态反应，主要是因为亲人死亡造成的，千万不能大意。要提前有心理准备，把安慰与调整工作做在前面。

在与亲姐姐告别时，竟然昏厥了

70岁的姜阿姨与73岁的姐姐关系十分密切，姐妹两个人无话不说，住的很近，几乎形影不离。一天晚上，姐姐突然心脏病发作，没有留下遗言就走了。姜阿姨看着姐姐的遗物，心情十分难过，几乎把眼泪都哭干了。她感到人生没有任何意义了，活着比死还难受，精神萎靡不振，整日没精打采的神态，样子很吓人。在姐姐的遗体告别仪式上，她欲哭无泪，突然扑向尸体，昏厥过去了。家人吓得赶快把她送进了医院，经过抢救脱离了生命危险。可是人却变了，性格怪异了，整日没有一句话、一丝笑容，呆滞的目光，如同僵尸一般。

亲人的死亡的确令人悲痛，一时的心情沉痛是可以理解的，但千万不能被悲痛的苦海淹没，把自己搞得痛不欲生，这就不值得了。从另一方面说，也违背了祭奠死者的初衷。

哲人说：人必然要有一死，谁都逃脱不了；活着的人安康、幸福，其实就是对死去的人最好的祭奠。

向烦恼宣战：面对亲人的离别，聪明的老年人是化悲痛为力量，把现在的生活过得更好，让走的人安心地走好。那些因亲人辞世而虐待生命的人，应该深刻反思自己的行为，是不是违背了死者的意志呢？是到了好好想的时候了。

10. 老家人来了以后

很多老年人对家乡怀有深厚的感情，希望看到家乡的亲人、邻居，见到家乡人后十分高兴。但也有一些老年人，由于种种原因不太希望老家来人。由于城乡差别很大，生活、卫生习惯大不一样，少数长期在城市里生活的老年人，已经养成了良好的生活规律，当老家的亲戚到来时，会打乱他们的生活，出现心有余而力不足的局面，无从适应。心理专家称之为“生活规律干扰综合症”。因为老家来人以后，造成家庭环境的拥挤，饮食、休息的改变，沉重的话题，造成心理负担加重，致使心情郁闷，烦躁不安，身心健康受到损害。这一点，应该引起家庭与社会的重视，尽可能不要出现人为引起的烦恼。

听说老家来人就哆嗦

69岁的黄阿姨，自打20岁离开了农村老家后，一直生活在城市里，退休后过着平静的日子。前年家乡通了铁路后，十里八村的亲戚有什么困难都来找她。黄阿姨很有爱心，对老家的亲戚热情招待，一丝不苟，没有一点怠慢的地方。最近，老家的亲戚来的越来越多了，走马灯似的，有看病的，有求助工作的，有上访临时借住的，有送孩子上大学小住的等等。吃饭、休息成了严重的问题，由于担心老家人笑话自己忘本，只好强忍着，慢慢的心理负担越来越重了。现在的情况越来越糟糕，只要一听说老家要来人，就感到心慌憋气，恶心呕吐，全身无力，情绪急躁，无法控制自己。最后竟然到了无法承受的地步，出现全身哆嗦的现象。

孔子说：“有朋自远方来，不亦乐乎。”对于老家来人的问题既要讲究原则，又要讲究灵活性。不要碍于面子不敢说“不”字，更不

要打肿脸充胖子，硬撑着，让烦恼积压在心里，造成难以应对的结局。

哲人说：敢于说不的人，才是能驾驭快乐的人。当发现别人的快乐是建立在你的痛苦之上时，你就要大胆地说不了。

向烦恼宣战：老家来人本来是快乐的事，根本不是造成痛苦的根源，关键是没有处理好，没有计划与协调好。记住，无论老家来什么人，都要有个最基本的原则，就是量力而行，不以丧失自己的快乐为代价去接待。

11. 觉得自己爱忘事以后

老年人的记忆力相对下降是正常的事，千万不应该有不正常的感觉。有些老年人认为，自己现在不但记不住现在的新知识，还迅速地忘掉以前的东西。脑子就像萎缩了一样，容量骤然减少。没有了记忆信心，根本不敢提记忆两字，更不愿意费力气记忆了，恶性循环下去的结果是，产生焦虑与懊悔心理，注意力就更加难以集中，而注意力不集中的结果是，记忆细胞会处于休眠状态，也就谈不上记忆效果了。心理专家称之为“记忆信心不足症”。老年人的“记忆信心不足症”主要与心态不良、情绪不稳及意志薄弱有关。其实老年人的记忆潜力非常大，如果勇于挖掘，调动一切积极的因素，记忆功能会大大改善。

开门的钥匙找不到了，感觉自己是废人了

一天上午，66岁的周叔叔出门买菜，结果回家时怎么也找不到开门的钥匙了。急得他满头大汗，满肚子怨气，围着楼道来回转圈，

看着时间慢慢过去了，他的情绪急噪起来，自言自语说："我是个废人了，糟糕透顶了，无药可治了。"中午，女儿回家看到他在楼道转悠，急忙帮他寻找，结果在菜篮子底下的缝隙间找到了钥匙。女儿说钥匙找不到是常有的事，算不了什么事。他却落下了心病，从此对自己的记忆力失去了信心，经常说自己的脑子萎缩了，花钱事不能干了，买东西的事也不能干了，人家的电话号码也不愿意记了，经常以记忆力不好为由拒绝参加社区组织的学习活动。电视也不愿意看了，原因是看了也记不住，书也不读了，反正读了也没有印象等等。长此以往人慢慢地显得衰老了，行动缓慢了，性格也变得内向了，整日心事重重的样子，让人看着难受。

人的记忆力一般能够保持80年左右，记忆细胞是用则进，不用则废。心理学研究证实，社会上对于老年记忆力错误的传统观念与老年人对自己记忆力失去信心，是加速老年记忆衰退的重要心理因素。因此，在记忆力的问题上，一定不能服输，更不能受到舆论的干扰，自暴自弃，把美好的夕阳蒙上挥之不去的阴影，自寻烦恼。

哲人说：人脑的记忆潜力犹如浩瀚的海洋，取之不尽，用之不竭。

向烦恼宣战：老年人的记忆力并不差，与年轻人相比各有优势。只要提高思想认识，坚定信念，运用适合年龄特点的记忆方法去记忆，科学用脑，扬长避短，记忆之门就会主动向你打开。

12. 病床前的护士及病友

医院本来是治病的地方，可是由于病房的情况比较复杂，很多意外的因素可能对老年人产生刺激。如休息不好，饮食的不适应，大小便的尴尬，刺激的消毒水味，医护人员的表情，输液器具的刺

激，病友的痛苦呻吟，探视人员的语言及表情等等，均会给老年人造成强烈的心理冲击，从而出现厌烦、心情郁闷、焦虑、情绪失控及行为异常等严重问题。心理专家称之为“病房混乱症”。而在病床前所引发的“病房混乱症”又很容易被人们忽视，严重影响病人的治疗与康复，甚至会造成病情恶化。

同房间病友的客人引发的刺激

68岁的马叔叔因心脏不好住进了医院，同屋住进了一位经理，这下可是热闹了，病房里像走马灯似的，一拨接一拨地来看望这位经理。这些访客说话没有任何顾忌，好象当马叔叔不存在似的，声音很大，而且都是发财的话，什么地方好玩，哪里又新开了酒楼，有什么表演等等，非常俗气并带有强烈的“铜臭味”。护士看见了，也不制止他们的行为。喜欢安静的马叔叔被他们闹得睡不好，躺在病床上，满肚子都是气，浑身难受，饭也吃不香，本来快好的病，一下子又加重了许多。两眼充血，目光呆滞，消瘦了许多，精神也不好，而且看起来很烦躁，他多次向医生提出出院的请求。医生认为现在心脏的情况不稳定，血压又升高了，不宜出院，没有答应他。出院的要求没有实现，马叔叔的精神愈加不振，甚至有一次气得把输液管拔了下来，还骂了护士，不想治疗了，病情日趋严重。

其实，病房是个小社会，环境复杂，什么人都可能遇到，什么事都可能发生。住院前要有心理准备，住院后发现问题时，不要自己默默忍受着，把郁闷憋在心里，应该及时向医院提出改进意见，让医院采取切实有效的措施，保持病房的正常秩序，维护自己的合法权益。

哲人说：复杂、恶劣的环境是滋生烦躁的根源，要摆脱烦恼，就要修炼心性，打破禁锢，大胆地改变现状，轻松与快乐也就随之而来了。

向烦恼宣战：医院与家不一样，限制的地方比较多，不如意的地方也很多，要在理解的基础上，正确对待身边发生的不愉快的问题，心情可能会舒服一些。医院、家庭都应该认真加以对待，尽最大可能为病人创造良好的住院环境，以利于病人的康复。

13. 无名老者死亡而身边无人

现在空巢老人的数量逐渐增多，由此而引发的社会问题也日益突出。一些空巢老人很孤独，日常的生活起居也很艰难，生病以后显得更加无奈与痛苦。少数空巢老人的心理承受能力差，当遇到敏感的问题，困难与挫折，或者各种打击时，心中压力增大，没有自信心，感到四处都是黑暗的，觉得自己在世界上是多余的，会产生失落、害怕、担心、恐惧心理，甚至还有自杀的想法。心理专家称之为“空巢孤敏感独症”。“空巢孤独敏感症”的心理状态十分复杂，各种因素交织在一起，给老年人造成的心理伤害很严重，社会与家庭对此要有足够的重视，及时把温暖送到空巢老人心中。

听说一位老者死亡14天没有人知道

72岁的田爷爷是典型的空巢老人，孩子全在外地，老伴去世2年了，自己住在一居室里。一天晚上，他刚出门口散步，就听邻居说某地有个75岁的空巢老人，死在房间里14天，竟然没有人知道，尸体都腐烂了，十分凄惨。说者无心，听者有意，田爷爷的心情立

刻沉重起来，没有走多远就返回家。脑子里全是莫名其妙的腐败尸体的景象，觉得自己有心脏病，晚上睡觉时万一发病，第2天也醒不了了，尸体在床上也没有人知道，更没有人管，最后也腐败了，长满了蛆，爬满了虫等等。接着，就感到了一种难以形容的恐怖与紧张，胸口好象被什么堵住了，憋的难受，心脏好像到了喉咙处，要蹦出来了。田爷爷觉得活着比死还难受，精神高度紧张，几乎到了崩溃的边缘。从此，人就变了，面无表情，整日不出房间，目光发直。查电表、水表、煤气表的人来家时，他经常哭泣着与人家说话，如经常来家看看，过门口时闻闻有没有异味等等，人家也听不明白他话里的意思，就是感到他心情很沉重，有心事。

“死亡”二字，对空巢老人的确很在意。同样的事，同样的话，如果一般的老年人听了可能没有什么事，但对于空巢老人来说，情况就大不一样了，兴许是致命因素。

哲人说：我们虽不能改变死亡，但以什么态度对待死亡是可以改变的；能以乐观的态度对待死亡，乃人生之大幸！

向烦恼宣战：等待死亡、恐惧死亡，只能使生命的进程缩短，让自己背上沉重的十字架。其实，空巢老人应该关注的不是死亡，而是如何丰富自己的生活，如何让生命更加有意义。

14. 电话仍然没有响

电话给人们生活带来了便捷，把人与人之间的距离拉近了。可是有的老年人不但没有从中得到快乐，还带来了不必要的烦恼，电话成了他们心里的一块病。心理专家称之为“电话混乱症”。少数心事比较重的老年人，天天守护着电话，不敢外出，坐立不安，整日

整夜焦急地等待着电话铃响，如果电话铃声不响，似乎就要出大事似的。即便是外出办事，也是紧紧张张的样子，不敢在外面多停留半分钟。电话把他们闹的鸡犬不宁，魂不守舍。是电话的错吗？不是。根本的原因还是老年人牵挂与担心亲人，焦虑过度，致使心理失衡。

再也不愿意离开家门半步了

67岁的杨叔叔独自一人居住，自从家里安装了电话以后，能经常听到远方亲人的声音，让他高兴了好一阵子。开始时亲人几乎天天给他打一个问候电话，后来逐渐减少了。前不久，家人发现他变了，开始整天守候着电话，把电话当成了生活的主要内容，不再愿意离开家门半步了。有急事必须外出时，也不敢耽误时间，总是认为家里有电话要来，于是匆匆忙忙地往家赶。由于着急，每次进了家门都是满头大汗，衣服都浸透了汗水。由于长期心情紧张，无法进行正常的生活，整日坐在沙发上看电视，不与人进行交流，也见不到阳光，更呼吸不到新鲜空气，所以看上去精神萎靡，好像没有睡醒似的。

千万不要把电话当成生活中的主要内容，要明白一个道理，电话是为人们服务的，是给人提供生活之便的，如果电话成了烦恼之源，就失去了其真正的意义。

哲人说：人不能为物所累，要设法变物为乐，以物换乐；乐是生活的最高境界，而物只是生活的基本境界。

向烦恼宣战：看来生活中的很多烦恼，并不是由物带来的，物本身没有错，皆是因人而起，因心失衡而发。聪明的老年人，要明白物与乐的辨证关系，客观地看待各种事物，使自己的心情始终处于平静的状态之中。

15. 断绝“香火”了吗

多少年来，在一些老年人的脑子里仍然存有封建余毒。在传宗接代的问题上非常认真，看重孙子、重孙子，对于孙女、重孙女则不以为然。个别老年人，在儿媳妇、孙子媳妇没有生产之前，对她们十分热情，嘴上也说不在意“香火”的问题，可是如果现实真的不如所愿，心中就会不悦，甚至觉得没有脸面见人，没有完成祖宗的大业。接着还可能发生一些不可思议的怪事，如情绪失控，脾气暴躁，容易动感情，不怎么关心人，唉声叹气的样子，视家人为仇人，好像家庭、社会与他没有任何关系了，心理专家称之为“继承失落症”。“继承失落症”容易被人忽视，任其发展下去，可能会严重影响老年人的身心健康，甚至还会引发老年人走向极端。

儿媳妇生了女儿以后，不关心家了

65岁的赵叔叔有三个儿子，老大、老二家全是女孩子，他把唯一的希望寄托在小儿子家。对小儿子、儿媳格外地好，经常偷偷地给他们钱，给小儿媳妇买衣服，与小儿媳妇的父母关系也特别亲切。小儿媳妇怀孕后，他更是高兴得难以言表，天天给小儿媳妇买好吃的。生产时，他与亲家在产房外等待，听说是女孩，顿时没有了表情，冷淡的面孔，甚至没有与产房外一同等待的亲家打招呼就走出了医院。回家的路上，心情十分沉重，压得他喘不上气来。到了家后，谁也不理睬，晚饭也不吃了，抽着闷烟，眼泪还流了下来。随后的日子，根本就不过问家里的事了，自己到处乱跑，连孙女也不看一眼，还提出要回老家住一段时间。

其实，现在的生活条件好了，退休金、养老金足够生活用了，老有保障，病有所医，生男生女都一样，为什么自己给自己上紧箍

咒呢？

哲人说："人应该学会忘掉，该忘掉的就忘掉，忘掉的越彻底，就越感到轻松与快乐。"

向烦恼宣战：封建思想害死人，要做一个开明的老年人，要做一个敢于与封建余孽做斗争的老年人，不要自己钻进封建礼数的枷锁里。打破封建枷锁，快乐与幸福就在眼前。

16. 星期天，儿子又要回家揩油了

节假日孩子们回家与老人团聚是多么幸福的事，然而有些老年人不但没有感受到幸福，反而犹如下地狱一般，痛苦地煎熬着，压抑的心情直到孩子们从家离开才缓过来。心理专家称之为"亲情干扰症"。是老人不愿意孩子们回家吗？不是！关键的问题还是在孩子身上。有些孩子回家看望老人，不知道帮助老人干些活，也不知道好好地陪同老人说说话，更不给老人买食品与日用品，就知道享受，只管自己玩麻将、看电视、喝酒，给老人家里折腾得不成样子，最后一抹嘴走人了。害得老人收拾好几天，累得几天缓不过劲来，经济上也很难负担，苦恼加剧，郁闷的心情无以言表。

明天两个儿子又要回家折腾来了

63岁的秦叔叔退休后与老伴过着平静的生活，退休金虽然不多，但是也够基本生活了，一居室的房子虽然小了点，但是也很温暖，老俩口子恩爱如初。但最近，他们却被两个不懂事的儿子折腾得筋疲力尽，身心憔悴，苦恼至极。两个儿子已经成家单过，每到

节假日就回家来享福，吃饭喝酒，云里雾里地神侃，眼里根本没有长辈。还借故家里生活困难，向老两口要钱、要物，不给就厚着脸皮拿，甚至把脏衣服丢给老两口洗。有的节日里，儿子们还把不懂事儿的媳妇带回家，四个人碰到一起，就是打麻将，没有一个人帮着老人做饭，整理家务。孩子们吵闹的声音，把老两口子气得心里如同灌了铅一般，沉甸甸的。晚上严重失眠，脸上也没有了往日的笑容，苍老了很多。秦叔叔还因此患上了高血压，老伴的性格也改变了，变得不爱说话了。

幸福生活，有时是靠斗争才能得到的。不善于斗争，不敢于斗争，抹不开面子斗争，就没有幸福，更不会有快乐。在家庭生活中，面对不懂事的逆子，就应该斗争。

哲人说：“善于斗争、巧妙斗争的人，既是智慧之人，也是善于拥抱幸福，拥抱快乐的人。”

向烦恼宣战：家庭琐事不是小事，处理不好，就会演变成大事。老年人在对待儿女的态度问题上，既要讲原则，又要讲亲情，忍让、溺爱换来不快乐与幸福，只能给自己造成灾难。

17. 原来的部下没有来看我

上下级关系是正常的职务关系，没有什么更特殊的意义。当您的职务行为结束了，其实上下级关系也就自然不存在了。这一点，老年人要有清醒的认识，千万不能自寻烦恼。有的老年人很看重以前自己的职务，对以前的职务、经历津津乐道，总是留恋以前的职位。内心仍然希望老部下一如既往地尊重他，总也不会忘记他，逢

年过节来看望他。现实生活中，一旦没有如愿以偿，心中就不是滋味，看什么也不顺眼，觉得自己是个废人。甚至还破口大骂，骂老部下无情无意。这种异常的行为，心理专家称之为“心态失衡症”。出现心理失衡以后，不要紧张，更不要认为自己得了什么病，应该从自身的情况出发，把面子看得淡一些，重新定位自己，寻找属于自己的第二个春天，快乐也就来了。

春节前后的心情糟糕到了极点

春节前两个月，61岁的乔局长退休了。本来想平静地享受一下生活，可是正好快要过春节了。他的邻居是一家公司的老总，门前都是轿车，看望邻居的人很多，令他很受刺激。而自己家则显得很冷清，与往年相比较简直是天上地下。老单位没有一个人来看望，甚至没有一个电话。他怎么也想不通，以前他最信任的部下也没有来看望他。好象他脱离了世界，与世隔绝了。越想不开，就越觉得压抑，心中的郁闷程度到了难以忍受的地步。本来没有吸烟的习惯，由于烦恼，开始抽烟了；本来不爱喝酒，现在由于郁闷，还喜爱喝酒了。有时喝得醉醺醺的，胡言乱语，说什么“世态炎凉了，人心不古了，人间没有真情了，势利眼了”等等。

退休了，就应该把问题看淡一些，不要太在意一些面子上的问题。其实人本来都是平等的，没有高低贵贱之分，你故意把自己看高了，那么烦恼就会找上门了。当一个普通老百姓，多么的自然与幸福啊。

哲人说：“面子是一种无形的枷锁，太在意面子，快乐也就没有了，幸福生活也就无从谈起了。”

向烦恼宣战：当角色转变时，一定要及时地适应，适应得越快、越彻底，心态就会越平和，越能在清闲之中感悟幸福生活。应该明白一个道理，退休后平淡的生活十分难得，干吗还要寻找应酬，令自己烦恼呢？

18. 小区里的狗

现在人们的生活水平提高了，一些家庭开始养宠物了，尤其是养狗的人最多。狗需要遛，可是现在很多小区的活动场所狭小，没有多余的地方供宠物狗活动，无奈之下，一些人就牵着狗在公共活动场所散步。一些没有经过训练的狗，到处乱尿、乱拉，见到生人还叫，严重时还咬人。破坏了小区的环境，影响了小区里散步人的心情。有的老年人受狗之害严重，散步时见到狗肆意破坏环境，心中就不舒服，甚至出现愤恨情绪，造成极端行为，出现严重的后果。心理专家称之为“极端反感症”。患有“极端反感症”的老年人，一般心地善良，爱面子，从不与人发生任何矛盾，遇到委屈不张扬，忍气吞声，致使郁闷加深，直到干扰自己的情绪，做出非理性的行为，才引起人们的重视。

偷偷地买了老鼠药

67岁的尹叔叔居住的小区设计不怎么合理，人多、车多，空地、绿地少，由于没有地方锻炼，只好在小区的道路上以散步的形式进行锻炼。可是，近几年小区里养狗的人多了起来，有些狗没有登记，属于非法饲养。一些狗在小区的道路上乱拉、乱尿，有几次晚上他

与老伴散步，还踩到了狗屎，气得他血压都高了。还有几次，晚上他刚刚睡下，不知道是谁家的狗，突然乱叫起来，吵得尹叔叔没有睡好觉。从此，他对小区里的狗恨之入骨，也不爱散步了，只好委屈地在家里看电视。一天，孙子下学，在楼道门口也踩了狗屎，气得他咬牙切齿，一晚上没有睡着。第2天，尹叔叔来到一个郊区的农贸市场，买来了老鼠药。老伴发现了老鼠药，问他干什么用。他说毒狗用，老伴急忙制止了他的愚蠢行为，但是他的心里仍然忿忿不平。

非法饲养狗是不对的，随意让狗破坏环境也不对，生活在小区里面对错误的行为，忍受与躲避是解决不了问题的。良好的生活环境是靠大家共同努力维护的，发现问题就要及时制止，或者认真向有关部门反应情况，上级部门解决了，烦恼也就消失了。

哲人说：“问题如同灰尘，不清扫，日积月累，就会堆积成山；及早清扫，就会及早消失。”

向烦恼宣战：面对同样的事情，用消极的办法去对待，结果肯定是烦恼；积极的办法去对待，结果肯定是快乐。怨天尤人是没有用的，只有靠自己的行动，才能改变现状。

19. 孙子女朋友的头发是染黄的

有了孙子，就盼着孙子赶快娶媳妇，这是多数老人的愿望。的确，当孙子有了女朋友以后，感到要有重孙子了，其幸福的感觉无以言表。可是由于现代人的生活观念与传统老人的生活观念相差很大，隔代人就会因此产生鸿沟，心理专家称之为“差异干扰症”。是

什么原因使老人出现差异干扰症呢？主要是因为，有些老年人在疼爱孙子的同时，把自己的意志强加在了孙子身上，把爱变成了束缚。有时很看不习惯孙子这代人的行为举止，对孙子穿的衣服款式，谈恋爱的方式，对待婚姻与家庭的态度，对待工作、事业的标准，有着不可融合的冲突。爱与恨交织在一起，使老年人的情绪也受到了影响，甚至还因此给幸福的生活蒙上阴影。

孙子女朋友头发染黄了，气得他不想回家

80岁的王大爷生活的很幸福，儿孙满堂，儿子与女儿个个孝顺。他与大儿子生活在一起，看着孙子大学毕业进了一家艺术公司工作，心中很高兴。暗自期盼着孙子早一天把女朋友带回家。可是一天孙子真的把女朋友带回家以后，发现孙子的女朋友头发染的黄黄的，如同外国人一样，衣服穿的怪怪的，心情顿时郁闷起来，想说又不敢说，于是开始出现无明的烦恼、胸闷、急躁。每天晚上，只要孙子带女朋友回家，他就以外出散步为借口赶快出门，直到深夜才悄悄回家。晚上一想到染的黄头发，心口就堵得难受，严重时还伴随着血压升高，头昏脑胀。早上，食欲也不好，精神萎靡，人显得憔悴和疲劳。

老年人应该多接受新思想、新文化、新观念，与时俱进，让自己开明起来，对于隔代人的事，应该有一个较大宽容度，只要不是原则问题，就要睁一只眼，闭一只眼。睁的眼睛多看快乐的事，闭着的眼多想幸福的事，一切烦恼就没有了。

哲人说：清晨想8件最快乐的事，一天都快乐；一天看8件快乐的事，眼睛里就全是快乐的事了。

向烦恼宣战：生活在幸福家庭的老年人，为什么对幸福没有感觉了，反而对烦恼很敏感了。根本原因是不注意幸福了，而是注意烦恼了。关注烦恼多了，眼睛里就全是烦恼的事了。在家庭里可以把内心感受及时的与信任的人讲出来，多沟通、多交换意见，幸福与快乐之花才会开得长久。

20. 麻将的声音

俗话说："远亲不如近邻"。谁都希望遇到好邻居，好邻居可以给人带来安全感、幸福感。可是，现实生活中如果遇到的邻居不如意怎么办呢？假如邻居家品德不好，吵架、好吃懒做、打麻将、酗酒、撒谎、小气霸道、不讲公共道德，你有何感想呢？环境无法改变，你生气也没有用，只能伤害自己的身心健康。必须善于调整状态，设法过好自己的生活，把干扰减少到最低限度。有的老年人遇到不友好的邻居，不愿意与邻居理论，又不善于调整自己的心态，心中总是压抑得难以忍受，于是愚蠢地把怒火无端地发泄在家人身上，结果把本来幸福和睦的家庭闹的危机四伏。心理专家称之为"不良刺激感染症"。"不良刺激感染症"是不健康的心理状态，应该有针对性地加以疏导，消除刺激，把问题解决在萌芽之中。

经常冲老伴发火

62岁的阮阿姨喜欢安静，平时爱看书，听轻音乐，可是她最近遇到了一件烦心事。老邻居搬家了，搬来了一位新邻居，这家人爱

打麻将，整日整夜地打，声音还很大。由于是老房子，隔音效果也不好，白天还好一点，晚上的声音几乎把她闹的心烦，无法安心看书了，音乐也听不进去了，觉也睡不好，心里好像有千条毛毛虫在爬。想去找邻居交涉，又害怕伤害邻里感情，只好忍受着。越忍越压抑，慢慢地性格发生了变化，变得特别没有耐心。在家里因为一点小事就急噪，动不动就冲老伴发火，指责老伴窝囊，没有让她住上宽敞的好房子等等。

遇到不讲公共道德的邻居，该交涉就要去交涉，忍受不但不能解决问题，还等于纵容了邻居的不良行为。你不交涉，邻居还以为你默认了呢，以为你不反感呢。

哲人说："无原则的忍让不良行为，其实就等于纵容，而纵容的结果会令你痛不欲生。"

向烦恼宣战：在没有努力之前，不要认为现实是无法改变的。要改变现实，摆脱烦恼，必须要勇敢地向对方讲明观点，提出你的意见，结果会令你大吃一惊的。

二、我要知道！
老年心理健康的内容是什么？

1. 心理特点

跨入60岁的年龄界线，就算步入老年人的行列了。老年人的身体较中年人比起来，会有一个较大的变化。随着社会活动的减少，生活节奏的放缓，外界信息量的减少，大脑思维活动的骤减，自身生理机能的自然衰退，最终会导致心理功能趋向老化，呈现出以下六大特点。

一是孤独感。有些老年人没有了正常的社会工作，思想压力没有了，日常接触的人少了；身边子女大多独立成家，相互间也很难亲和相聚，亲情变少了；老同事、老亲友的来往也因为身体、家庭等原因明显减少，长此以往，心理得不到及时的抚慰，就会产生孤独感。

二是失落感。多数老年人由于离开了感情深厚的工作岗位，已经形成的规律性的日常行为被打乱，紧绷的神经一下子松弛下来了，觉得没有事情可以做，好像自己变成了多余之人，如果身体再患有疾病，失落感会越发地明显起来。

三是自责感。退休以后，相当一部分老年人会对以前的事情进行回忆。当回想在工作岗位上，对同事、对家人、对亲友没有尽到全力，现在又无法弥补时，就会产生严重的自责感，沮丧、后悔、烦恼之心油然而升。

四是担心心理日益突出。根据统计，有90%以上的老年人，经常为自己的身体健康而担心。由于牵挂太多，放不下的心理加剧，会过于担心晚辈人的生活，担心身边没有亲人遭受冷落，担心家人出什么事，担心以后生活没有着落，担心老伴先己而离开人世等等，这些担心会随着年龄的增长而日益增加。

五是情绪异常现象普遍发生。现实生活中，一些老年人容易受

到周围环境的影响，对一些事情比较敏感，心胸也变得狭隘起来，微不足道的小事，或者不经意的一句话，就会导致心情不愉快，乱发脾气，甚至是不讲理等等。

六是固执心理加剧。少数老年人特别爱面子，希望晚辈及老伴听从自己的意见，总认为自己有社会阅历，想法正确，遇到问题后，如果没有按照自己的意见办，就发火、使性子闹情绪，甚至把自己封闭起来，导致抑郁及精神疾病。

以上是老年人呈现出的带有普遍性的心理特点，只有深刻地认识到了这些特点，才能科学、有效地去应对。要采取切实可行的措施，变消极心理为积极心理，使自己在快乐，安享晚年。

哲人说：只有了解自己的心理特点，才能知道以怎样的行动改变自己，最终使自己得到快乐。

2. 心理健康标准

老年人的身体健康有标准，心理健康也是有标准的。通常情况下，老年人的心理健康是指人的生理机能正常，精神状态良好，没有心理缺陷和心理疾病。具体的标准是：

① 智力正常。智商在正常的范围以内，能很好地适应环境，思维清晰，明辨事理，具备一般的生活能力。

② 情绪稳定，精神愉快，乐观向上。乐观愉快，表示人的心态正常，活动和谐，精力充沛，是情绪健全的重要标志。

③ 保持人格的完整，心理协调与行为协调相统一。心理年龄与生理年龄基本一致，言行统一、适度，尽管动作迟缓，但是行为有

条不紊，有耐心，做事有板有眼，善始善终。

④ 良好的、自然的人际关系。心胸开阔，与人为善，有同情心，乐于交流，善于助人。

⑤ 谦虚大度，客观地对待他人。正确地了解自己，客观地认识他人，不无端嫉恨他人，平易近人，不固执、偏激、计较、孤僻。

⑥ 反应适度。对待出现的问题与情况，既不反应敏感，过于激动，出现神经质；也不反应迟钝，麻木不仁，冷漠对待。

⑦ 热爱生活，崇尚自然和谐。无论什么情况下，对生活始终充满信心，而且生活有规律，有趣味，一切行为遵循自然法则，不颓废、不消极，不保守，保持平静与自然的心态。

⑧ 意志坚定。对于生老病死，生活中的各种挫折与困难，泰然处之，表现得沉着冷静。

老年人的心理健康标准虽然不像身体健康标准那么具体详细，但是重视老年人心理健康的意义的确十分重大。心理健康能促进身体健康，精神愉快，心情舒畅，自然和谐，意志坚定，这样人就不容易生病，抵抗疾病的能力就增强，免疫系统的功能就会正常发挥。

哲人说：心理健康与生理健康同等重要，二者互相联系，互相促进，互相作用，是人体健康的完整统一体。

3. 远离遗忘

遗忘并不是老年人特有的专利，年轻人也同样存在着遗忘问题，是正常的生理与心理现象。根据对老年人脑遗忘试验结论得知，遗忘的原因有两点：一是记忆信心不足，未记就没有了勇气，所以对于所记忆的内容根本就没有强化，以致于逐渐或者完全消失；二

是受到疾病及意外刺激的干扰，脑细胞拒绝了记忆信息的存储。原因找到以后，我们就要采取切实可行的措施，积极地与遗忘做斗争。

① 树立信心，不要怀疑自己的记忆功能。信心是保证记忆效果的关键，同样的问题如果坚信自己能记忆，精神就会振奋起来，精力也就会集中，保证大脑记忆细胞发挥正常的功能。对所记忆的内容有了深刻的印象，信息就会深刻地存储下来，也就较少遗忘了。

② 根据生理特点，扬长避短。老年人的身体状况虽不如青年人强壮，但是在记忆的功能上与年轻人没有实质性的差距。因此，在记忆的方法上应该采取灵活的方式，尽量避免机械式的记忆。应该注重分析、理解，善于找出事物的关联点，以此为突破口，就能增强记忆效果，避免遗忘。

③ 笔记与脑记结合。俗话说："好记性，不如烂笔头。"无论多么好的记忆，随着时间的推移，往往也会出现部分遗忘。把需要记忆的内容，以提纲、摘要的形式记录下来，然后分类保存，经常翻阅，强化记忆，就可以很好地避免遗忘了。

④ 提倡以顺口溜及诗歌的形式记忆。如果记忆内容多，强迫记忆的效果就很差。不如把所记忆的内容编成简单、易懂、有趣的诗歌或者顺口溜，经常朗诵与背诵，反复多次，坚持下去，印象就深刻了。

⑤分类记忆效果佳。老年人要记忆的内容很多，如果都混在一起记忆，会出现脑子不够用的现象。可以把要记忆的内容分类，如家庭亲友、老朋友、历史知识、各地风光、医院特点、电话号码、新闻人物等等，使内容条理化，系统化，就容易记忆了。

老年人不要担心遗忘问题，其实我们也没有必要记住所有的东西，只要记住不该遗忘的内容就可以了。心理专家认为，避免遗忘

的最基本的方法是科学记忆，经常用脑，反复记忆，除此之外别无它径。

哲人说： 遗忘掉伤心之事是最快乐的事，不要再在遗忘的问题上伤心了。

4. 敏锐的观察能力

老年人要重视提高自己的观察能力，因为观察是有目的、有计划的用脑过程，是延缓衰老的妙方，是保持心理健康的重要因素。平时多观察事物，就需要多用脑，而勤用脑，脑细胞老化的就越慢。国外一家脑神经权威机构研究证实，老年人积极观察事物，勤于思考问题，是防止早衰的无价之宝。那么，老年人该如何提高观察能力呢?

一是提高思想认识，保持浓厚的兴趣与强烈的好奇心。生活中，长期观察新鲜事物，用脑分析问题也是很不容易的一件事，必须要有充分的思想认识，明白观察是为了获得新知识，感悟新生活，使自己充实，保证高质量的生活状态。而保持浓厚的兴趣与强烈的好奇心，则会充分调动人的主观能动性，使人心情舒畅，增强人的体力与精力，减少观察疲劳。

二是坚强的意志，良好的品质，持之以恒的态度。坚强的意志是保证观察顺利进行的关键。由于观察是伴随一生的行为，容易受到各种干扰或精神上的打击。生活上的困难，环境的影响，都会影响观察的继续，甚至造成中断，因此坚强的意志对于保证观察的进行极为重要。在观察事物时，需要客观、全面，不能以个人的好恶

进行观察，必须坚持实事求是的原则，所以排除个人因素的干扰就显得很重要了。所以良好的品质与持之以恒的态度尤其重要。

三是掌握正确的方法。健康、科学、客观的观察方法是保证观察效果的关键。老年人应该根据自身的特点，确定自己观察的具体目标，适当地明确观察任务，而后进行必要的资料与物质准备。坚持在学习中观察，在观察中学习，循序渐进，认真归纳，积极思考，总结出规律性的东西来，努力发现新问题，找出新的对策及解决问题的新途径，使生活过得丰富多彩，意义深刻。

老年人要养成良好的观察能力，不是一时之兴，更不是一日之功，而是需要长期的实践与体会，要把它与身心健康统一起来，当作磨练意志品质的过程。

哲人说：观察是通往心理健康之门，犹如登上快乐的台阶一样，站的越高，就越健康，快乐的心情就越浓烈。

5. 积极的创造力

创造是提高智力的重要因素，是心理健康的重要标志之一。心理学者认为，创造力并非随着年龄的增长而下降，相反，有的老年人精力旺盛，智慧超群，仍保持着高度的创造能力。创造的意义比较广泛，科学的、艺术的、文学的、生活实践中的小发明都属于创造的范畴。对于老年人来说，新颖的、以前没有实践过的东西，包括写回忆录、给新人传经送宝等等，都可以称为创造。不要认为岁数大了，谈创造就是天方夜谭，高不可攀的事，其实没有那么复杂，创造就在你眼前。那么，老年人如何提高创造能力呢？

① 要有敢于创造的精神与勇气。很多老年人之所以不敢创造，是因为他们在心理上首先害怕创造，觉得创造比登天还难。这种不健康的心态把创造的欲望压制了，阻碍正常的创造思维活动，在这种心态影响下还能进行创造吗？老年人是精神财富的聚集者，有着得天独厚的创造资源与条件，如果把创造的意义看的深远一些，广泛一些，振奋精神，调动一切可以利用的智力因素，必将会出现高涨的创造激情。

② 突出特点，发挥自身优势。综观古今中外，很多志士名人都是大器晚成，他们胸怀大志，弃而不舍，最终实现了人生价值，成为人们心中的英雄。老年人以前的经历、丰富的阅历，积累的知识与经验多，沉淀的东西也不少，可以总结的地方更是不尽其数，退休以后时间充裕了，正是发挥特长，展示自己的最好时机，创造的舞台大着呢，从现在开始去创造吧，晚开的花再小，也会结果的。

③ 目标一定要切合实际。创造不是说要干什么惊天动地的大事情，而是要具体到某件事情上来。只要适合自己的特点，调动各方有利因素，准备好各种条件，方法得当，很快就能成功。

④ 坚持到底。任何创造都需要时间，再说创造也不是轻而易举的事，甚至还需要克服重重困难，付出代价。老年人应该有充分的心理准备，根据身体情况，劳逸结合，适度创造，坚信只要坚持，必定会有收获。

创造是智力最宝贵的因素，创造是对社会贡献的重要标志，创造是人类活动的重要前提。

哲人说：敢于创造与实践的人，才是最珍惜生命之人；生命不息，创造不止；生命的价值，就在于创造。

6. 良好的性格

老年人的性格千差万别，大体上可以分为慈祥型，拘谨型，麻木型与焦躁型四种。性格并不是固定不变的，外因的改变可以使已经稳定的性格发生变化。如疾病、亲人亡故、搬迁、意外过失造成的严重后果等等，都可能造成老年人的性格改变。性格的好坏，直接关系到人的身心健康。

健康的性格，感情真挚，度量大，积极向上，顺应自然，可以使人心态平衡，处事坦然，情绪安定，能够控制自己的情绪，不为小事计较、生气、郁闷，便于形成良好的人际关系，防止出现孤独与情感淡漠。

不良的性格，会使老年人感到空虚、单调、无聊与寂寞，逐渐对生活失去信心，容易出现偏激、固执、冷漠、自卑与失衡心理，甚至悲观厌世。因此，老年人改变不良的性格对于身心健康极其重要，性格的改变虽然困难一些，但也不是不能改变的，关键是看决心的大小。

① 培养健康的生活情趣，积极参加集体活动，在集体里寻找温暖，寻找快乐，寻找价值，不断充实自己的生活，努力开阔视野，保持愉快的生活，使自己精神有所寄托。

② 正视现实，扬长避短，把自己真正地融入大自然里。性格的乐观与悲观是对生活所抱不同态度的结果。抱着乐观的态度对待困难与挫折，即便再艰难，你的性格永远是乐观健康的；抱着悲观的态度对待生活，即便生活在幸福的环境里，你的性格也是不健康的。因此，正视现实，面对困难，顺其自然，一切按照自然法则来对待问题，就会使性格塑造得完美起来。

③ 加强学习，提高认识水平。老年人的性格受文化水平，思想

认识水平的影响很大，平时有意识地多学习先进人物的事迹，多读一些关于道德建设的书籍，多看一些励志的格言，多与友善之人交流，性格也会发生潜移默化的改变。

改变性格，使性格变得健康起来，并不是一朝一夕的事，需要耐心与勇气。塑造良好性格的过程，其实就是提高生活质量的过程。

哲人说：性格是在先天素质基础上，通过环境和教育形成的，具有可塑性。良好健康的性格，使人终生受益。

7.健康的情绪与理智

情绪与理智能直接反映出心理健康的好坏，情绪焦躁，大怒大悲，神经系统就会发生紊乱，甚至丧失理智，失去控制，出现行为及心理异常，进而代谢功能就会下降，加速细胞及机体的衰老和死亡。因此，健康的情绪与理智，对老年人的健康生活极其重要。

①保持乐观的心情。情绪稳定，心情舒畅，豁达的处事风格，能使人体内的代谢机制顺畅，阴阳平衡，精力充沛。要保持乐观的人生态度，就要有满足感，满足感越强烈，人就越发地乐观。正如俗话说的：知足者常乐。

②保持积极的生活态度。平时少一些抱怨，多一些喜悦，热爱生活，体验生活，奉献生活，在生活中感受劳动的快乐，感受亲情的幸福。

③豁达的心胸。生活中肯定会遇到不尽人意的事，聪明的老年人一定是看得开，想得通，不恼怒，不怨天尤人，也不自暴自弃，以随遇而安的态度去解决问题。

④不断地警示自己。理智往往是有限度的，当人处于平静的生活环境中，就不容易失去理智，可是在情绪激动，忍受能力到了极限之后，就可能丧失理智，出现异常行为。为此，老年人一定要经常提示自己，通过生活的积累，通过多年的心性修炼，保持一颗慈善的心，耳聪目明，使心态真正地沉淀，做到遇事不乱，遇险不惊。

健康积极的情绪，有利于强化思想意识，形成良好的心理品质。老年人在保持情绪的问题上坚决不能糊涂，要学会克制，善待自己，珍惜生命。

哲人说：养生莫过于养性，养性能使人安逸、温和、智慧、理智与勇敢，令人精力充沛，无所忧愁。

8. 心理健康自测表

心理健康自测表

检测内容	选择答案			
	不	是	偶尔	没有
反映迟钝				
动作不协调				
经常注意力不集中				
爱忘事				
对新事物没有兴趣				

检测内容	选择答案			
	不	是	偶尔	没有
爱计较小事				
莫名其妙地苦恼				
莫名其妙地发火				
容易激动				
遇事心乱如麻				
莫名其妙地担心				
不爱外出				
不爱与人交流				
严重失眠				
莫名其妙地焦虑				
看不惯的东西多了				
爱发牢骚				
爱钻牛角尖				
很固执				
畏难情绪严重				
备注	以上20个问题中，全部答“不”的，心理健康状况为标准；等于或者大于15个问题答“不”的，心理健康状况为一般；低于15个问题答“不”的，心理健康状况较差。			

三、我要心理健康！需要克服哪些不良心理？

1. 克服“多疑”

多疑就是疑心，也就是俗话说的疑神疑鬼，不相信别人对自己的行为或言语，是没有自信心的表现。一些老年人多疑心理严重，以至于严重影响了身心健康，别人的一句话，别人做的一件事，都特别往心里去，心事重重，怀恨在心，甚至是夜不能寐，寝食难安。有的老年人对自己的行为没有了信心，总是怀疑与否定自己，出门前本来门已经上锁了，走到小区门口后，又慌慌张张地回去检查一遍有没有锁好；到邮局发信，本来把信已经放进了邮箱里，走出邮局大门后，又拐回来，再到信箱前看看信是否已经真的进了邮箱里；在家里使用燃气时，本来已经关灭了燃气开关，走出了厨房，可是还是不放心，再次回到厨房里检查开关；到医院看病，医生已经明白地告诉了吃药的时间与数量，可是当把药取出来，出了医院的大门口，还是心神不定地返回医生面前，再次问医生吃药的要求等等。

有了怀疑心理以后，一定要认真地加以解决，千万不要放任自流。任其严重地发展下去，可能会导致多疑症的发生，给自己的身心健康造成极大的损害。

克服方法

一是开阔眼界，明辨是非。一些老年人平时不注意学习，思维僵化，看问题简单，只看到眼前的一些事，发生了问题以后比较爱计较，不能客观地看待问题的来龙去脉，而是凭借主观想象看待问题，甚至是凭着个人的好恶判断问题的性质，这就容易出现怀疑心理。因此，加强学习，勤于思考，拓宽自己的知识面，使思维健康起来，就能够客观地分析、对待问题了，也就不会轻易产生疑惑心理了。

二是宽容待人，不胡思乱想，更不要无端地把别人想得很坏。现实生活中可以发现，待人刻薄，心胸狭窄的人，遇到问题就容易出现多疑现象。古代有个故事，说的是小肚鸡肠的王老汉丢失了斧头，便胡思乱想起来，怀疑是邻居张三偷的，于是越想越觉得像张三偷的，连张三走路、说话、笑声都觉得是张三偷了斧头的样子。正要去找张三打架，忽然在自家的草堆底下找到了斧头，这下再看张三的行为举止及笑声，怎么也不觉得是他偷的了。心胸宽广的人，往往能平静地看待发生的问题，也就不容易产生疑惑心理。

三是及时澄清事实，消除误会。当与人有了矛盾以后，千万不要闷在心里瞎猜想，这样会使事情更加复杂化，非常不利于问题的解决。如果长时间得不到排解，还可能引发心理疾病，甚至出现报复等严重的伤人事件。老年人不要困扰在“面子”的问题上，应该学会与人交换意见，如果自己交换意见不方便的话，可以通过其他人交换意见，使矛盾双方坦诚相见，消除隔阂。相互间有了信任，也就不会出现胡乱猜疑了。

心理专家提示：多疑是干扰自己的迷雾，疑心越重，心里的阴影越浓厚，最终会导致自己不堪重负，陷入死亡陷阱。

2. 克服“嫉妒”

嫉妒如同恶魔一般，能把人毁掉，使人掉进万丈深渊。但是也不要大惊小怪，谈虎变色。事实上，很多老年人曾经有过“嫉妒”心理，只是轻重程度和表现形式不同而已。邻居家房子的面积大，就在背后说邻居的坏话；亲友发财了，就会对亲友产生憎恨；看到老

同事家兴旺发达了，就感到不舒服；听说老同事应聘的工资待遇高，心里就别扭；看到邻居、同事家娶的儿媳妇漂亮，孙子、孙女聪明，心里就不是滋味；别人家装修超过了自己家，心里就难受；看到人家的孩子有出息，心里就窝火；看到人家身体健康，自己有疾病，心中就不平衡等等。

嫉妒心理如果不加以控制的话，发展下去，会导致严重后果。它会破坏人与人之间的友谊，使本来自然、朴实、无私的关系变得畸形，产生无法逾越的隔阂，相互间没有了信任与支持。让人感到冷淡与恐惧，自己也常常感到孤独与悲伤。它会导致暴力的发生，个别老年人嫉妒之火强烈，甚至对被嫉妒的目标产生仇恨，情绪异常躁动，最终到了丧失理智的地步，竟然以暴力的方式攻击对方，从而引发严重的后果。例如，62岁的王叔叔，因为自己家的狗不如邻居家的狗好看，竟然把嫉妒之火烧到了邻居家的狗身上，残忍地将其毒死了，结果自己痛苦万分，无脸见人，竟然以自杀的方式解脱。

克服方法

努力改变自己。以自己为突破口，克服事事高人一等的错误想法，不盲目与人比较，设法把嫉妒变成前进的动力，挖掘自身潜力，充实自己，改变现状，努力寻找自己的生活乐趣。

明白谦虚是美德。谦虚使人进步，谦虚使人大度，谦虚使人开明，谦虚能使人淡薄名利。人贵在有自知之明，与人相处，既要知道自己的优点与缺点，又要看到人家的优点与缺点，取人之长，补己之短才是上策。既不要妄自尊大，也不能妄自菲薄。

感受集体的温暖。人只有生活在温暖的集体里，才会觉得生命有意义，才会感到快乐。团结出力量，友谊出智慧。大家生活在一

起，是缘分，应该互相帮助，共同进步。无论谁有了困难，都要尽力帮助；别人有了好事，要真心为之高兴。

心理专家提示：克服嫉妒心理最好的办法是：加强学习，提高修养，扬长避短。根据自己的情况确定奋斗目标，让心平静下来，心底无私天地宽。

3. 克服“焦虑过度”

焦虑是一种内心紧张不安，预感到似乎将要发生某种危险或不利情况，而又难以应付的不快情绪，严重时将变成惊恐，出异常的行为。暂时的、轻微的焦虑，不必紧张，但焦虑过度就应该引起老年人的重视了。一些老年人心事沉重，很小的问题都郁积在心里，产生巨大的心理压力，出现头痛、心慌、出冷汗、大小便失控，颤抖、失眠、血压升高等症状，以至于不能自拔。例如，67岁的马叔叔，只要孙子下学没有及时回家，就担心孙子出车祸了，或者被坏人拐走了，然后莫名其妙地烦躁，感到心脏要爆炸一样，接着就出现小便失禁，痛苦不堪。类似的例子，在老年人群中还有不少。

有了焦虑过度症状以后，一定要认真对待，积极地加以解决，否则会严重损害身心健康。

克服方法

积极行动，解决问题。遇到问题干着急没有用，只能徒增烦恼。老年人要明白一个道理，人一生中会遇到很多问题，只有通过努力

克服困难，积极地解决问题，把焦虑转化为行动，才有实际意义，心理压力就会逐渐减少。如果自己无法解决，可以与家人说，与老朋友说，请求大家帮助一起解决问题。

多想好事，做一个乐观主义者。生活中很多问题本来没有那么严重，不要把问题想得很坏。事情的发生、发展与结果是有规律的，该发生的事情，你拦也拦不住；不该发生的事情，怎么着也发生不了。心胸要宽广起来，做一个乐观主义者，多想好事，多预测好的结果，把问题往好处想，心情就会变得平静。要善于用开明的眼光看问题，就能发现有些困难其实不是问题，是人生的必经之事。不经历困难的人生是不存在的，也是没有意义的。

增强自信，自我安慰。生活中一旦遇到让自己焦虑的问题，不要紧张，要敢于战胜自己，不断地安慰自己，设法使自己稳定下来。不断地运用语言暗示自己着急没有用，会好起来的，世界上还是好人多。也可以用笔写一些增加自信的话，如：不会有事，我们是好人家，有人暗中保护平安，一切会好的，不是很严重。

心理专家提示：焦虑由眼而入，由心而发。克服焦虑一定要眼静，心静，二静合一，顺应自然，焦虑就会无影无踪。

4. 克服“冷漠”

冷漠是对人、对事表现得很冷淡，不热心，甚至是无情无意，缺乏活力，对任何事都无动于衷，仿佛与现实生活失去了联系。冷漠是逃避现实，畏难退缩的一种自我保护防御性质的心理反应。一些老年人在受到歧视，人格受到侮辱，长期受到不公正的待遇，预

想的目标达不到时，心灵上遭受严重、甚至是连续的创伤以后，没有把心态及时调整过来，心灰意冷，丧失了生活的勇气。例如，66岁的赵阿姨长期受到儿子的粗暴指责，甚至是辱骂，为了不使矛盾激化，她忍气吞声地生活着，逐渐地性格发生了异常变化。每天没有笑容，很少说话，见到儿子就躲开，甚至在儿子发生了车祸后，也无动于衷，表现得令大家难以理解。

出现了冷漠现象以后，要认真地加以对待，不能麻木不仁，否则会引发极端的后果。

克服方法

多读有益的书，开阔眼界，提高明辨是非的能力。读有益的书可以使人精神振奋，头脑冷静，客观地看待挫折与困难，使自己在“牛角尖”里转出来。其实，很多严重的问题与精神打击，换个角度看，或者站在更高的位置看，也就不算什么问题了。心情自然就轻松了，精神也就愉快了。

改变自己，适应环境，百折不挠。面对逆境有两种态度，一是当逃兵，被生活淘汰；二是做斗士，做生活的主人。其实，静下心来好好想想，挫折、打击没有什么可怕的，怕也没有用，是解决不了问题。要坚定必胜的信念，适应环境，敢于改变自己，接受各种挑战，一次努力失败了，就来第二次；二次努力失败了，就来第三次，百折不挠，直到实现目标，成功的喜悦自然就会来到。

热爱生活，融入生活，感悟生活。热爱生活，就要淡化自己的个性，投入生活的怀抱。记住，你不主动投入生活的怀抱，生活就会抛弃你。融入生活需要勇气，对人、对事保持积极的兴趣，学会欣赏人，仔细感悟生活里美好的东西。

心理专家提示：家庭、社会与集体的温暖是驱除冷漠的良药，因此努力营造温暖的家庭，建立和谐的人际关系，培养健康的兴趣，对预防老年人的冷漠心态，有着极其重要的意义。

5. 克服“爱占小便宜”

爱占小便宜是狭隘自私的利己主义行为，是心胸狭窄，侵犯他人利益，自寻烦恼、目光短浅的表现。有的老年人生活很宽裕，可是还特别爱占点小便宜。买菜时，本来分量已经够了，可是非要再“捎带”点菜；付钱时，撒谎说没有零钱，把零头抹去；走亲串友时，总是认真算计礼尚往来的差异损失，人家送了100元的东西，还礼时，绝对不超过100元；邻里间的往来也斤斤计较，借人家10颗葱，还人家时，就可能是9颗了，反正不能吃亏，这样心里才觉得平衡，才觉得快乐。反之则闷闷不乐，心中异常痛苦，甚至寝食难安。例如：62岁的张阿姨，家庭生活很富裕，可是经常因为买菜“捎带”的问题与菜商吵架，闹的心情很郁闷。一次，因为多拿一头蒜，与菜商吵架。双方对骂起来，气的她犯了高血压病，住了半个月的院。多么不值得呀！

爱占小便宜的行为危害很大，它会破坏人与人之间的感情，使人们变得自私，互相设防；它会使人的心灵发生扭曲，物欲与私欲严重膨胀，淡忘了人情与友情，发展下去会造成严重的后果。

克服方法

记住，吃亏是福的道理。人生在世，最关键的是要健康，要长寿，要幸福，要快乐，财物与金钱是换不来快乐与健康的。目光短浅，斤斤计较蝇头小利，就会滋生苦恼与郁闷。占便宜的欲望越大，将来的结果必定是苦恼越大。如果能深刻领悟吃亏是福的道理，将是最大的幸事。

记住，心胸宽广是处事为人的根本。人是有感情的，情义重于金钱，人与人之间的交往应该以宽广为本。心宽就会有好心情，用好的心情与人交往，就会保持温和的态度，和谐的言行，也就不会苛刻地限制对方，要求对方，计较对方了。

记住，努力学习，提高修养。学习可以使人的思想得到升华，思想认识提高了，个人的修养也就上层次了。站在高层次上再看占小便宜的问题，就会觉得自己以前太愚蠢无知了，就会逐渐地厌恨占小便宜的人与事了，自己也就克服了坏毛病。

心理专家提示：占小便宜吃大亏，您千万别认为占小便宜是好事，兴许更大危险在等待着您呢。占小便宜者当警醒！

6. 克服“孤独”

孤独是一种消极的、抑制性的心理状态，老年人在特定的环境里，孤独感会尤其明显，严重时会导致冷漠，甚至精神问题，必须引起广泛的重视。现实生活中，引发孤独心理的因素比较多，而且原因也很复杂。空巢老年人比儿孙团圆的老年人情况严重一些。有的老年人辛苦了一辈子，当孩子们长大了，离开了家以后，孤独感会陡然产生；有的老年人当老伴去世后，突然会感受到难以忍受的孤独；有的老人生病以后，无亲人守侯在病床前，也会产生孤独；有的老年人看到家庭重点转移到了隔辈人身上，莫名其妙地会产生

孤独感；有的老年人遭到歧视以后，也会出现孤独无助的心理等等。

不要轻视孤独，孤独心理严重的老年人，性格会发生扭曲，逐渐对事物失去兴趣，出现抑郁心理；有的孤独老人，还会出现言行异常的现象，变的行动迟缓，面无表情，闭口无语等等。要从根本上引起重视，认真地加以对待。

克服方法

看清楚孤独的本质，它其实是只“纸老虎”。老年人不要把孤独看成是自己的专利产品，其实人生的长河中，不可避免地要面对孤独。孤独是检验人意志品质的试金石，是无价之宝。战胜了孤独，也就有了成功喜悦。俗话说得好：凡干大事者，必先过孤独关。哲学家说的好：孤独是欺软怕硬的纸老虎，你越害怕它，它就越欺负你，越抓着你不放。

培养兴趣，广交朋友，让生活丰富多彩起来。孤独的人，往往缺乏生活情趣，缺朋少友，生活单调。必须积极改变这一现状，培养自己广泛的兴趣，琴棋书画，根雕茶艺，样样参与知晓。主动走访老朋友，结交新朋友，在推心置腹的叙述过程中，陶冶情操，不知不觉地驱逐孤独。

发挥余热，为社会再做贡献。很多老年人有丰富的实践经验与领导才能，在某个领域上技术精湛，无人能代替。如果社会需要，自己的身体又允许，就应该主动担当重任，也可以当顾问，做好参谋工作。每天都过得充实了，孤独感就会消失了。

心理专家提示：摆脱孤独，关键是要战胜自己，树立信心，主动寻找生活乐趣，换一个角度品味亲情、友情，就不会感到孤独了。

7. 克服“小心眼”

“小心眼”说白了就是心胸狭窄，不大度，素质不高，斤斤计较，容不得人，是一种不良的心理。有的老年人岁数很大，儿孙满堂，但是心眼却很小，因为一句不经意的话，也会气愤致极；有的老年人因为一件不起眼的小事，竟然能郁闷好几天；有的老年人因为年轻人无知，在礼貌的问题上冒犯了他，就会耿耿于怀等等。例如，65岁的于阿姨因为儿媳妇进门没有叫她妈，气得生了半个月的闷气，睡不好，吃不香。由于郁闷聚积，没有地方宣泄，感到极度痛苦，度日如年，最后导致心脏病突然发作，险些发生意外。

“小心眼”看似小事，实质是大事。再发展下去，会影响人际关系，造成心理失衡，严重危害身心健康。

克服方法

择好友，交善朋，多与宽宏大量的人交往。俗话说：“近朱者赤，近墨者黑。”人的性格与心胸是在不断地变化着的，老年人多与心胸宽广之人交往，往往遇到问题以后，由于对方的大度，问题就会化为乌有。没有生气的机会了，心情也就轻松了。其实，人心都是肉长的，多么“小心眼”的人也是有情的。当看到对方总是谦让自己，原谅自己时，会逐渐地受到熏陶，思想境界也会随之提高。

理顺健康、疾病与死亡的关系。生命是第一位的，活着就要讲究生命质量，而生命质量的关键是健康的身体，健康的心情。心情愉快，快乐自然，才是健康的根本保证。因为一点小事就生气、郁闷、伤感，按照中医来讲，体内的气血必然不顺畅，脏腑各个器官的功能就会随之下降，疾病很快就会找上门来，加速生命死亡。在健康与死亡面前，究竟哪个划算，自己一算便知。

加强学习，善于把问题看淡，随遇而安。其实，生活中本来没有什么大的问题，只要加强学习，提高分析问题的能力，不胡乱猜想，不随意与人家计较，不争名夺利，不嫉妒，对别人宽让一些，善于换位思考，一切不愉快的阴影就会迅速消失，换来的就是阳光与快乐。

心理专家提示：“小心眼”与看问题的方式有关系，必须抛弃片面、单一、武断的方法，站在一定的高度，多角度、客观、公正地看待问题，这样自然就没有问题发生了。

8. 克服“钻牛角尖”

“钻牛角尖”也可以说是认死理，看问题容易走极端，在没有全面了解事物的情况下，就自认为正确，与人争论起来绝对不轻易服输，非要论个高低；与别人的意见不一致时，坚持自己的意见，根本听不进别人的意见。甚至还认为别人的水平低，故意与他过不去。因为人际关系紧张，常常感到孤独、郁闷，出现心理异常。

“钻牛角尖”的人，脾气一般比较倔强，情绪不稳定，心胸也比较狭窄。这些人患心脑血管疾病的风险比一般人大，应该努力克服这种不良的心态。

克服方法

要正确地看待自己，正确地了解自己。“钻牛角尖”的人，一般对自己没有充分的了解，总是过高地估价自己，让自己脑子过热。要使头脑冷静下来，就要学会理性地看待问题，一分为二地分析问题，客观地评价问题。清楚自己的能力、水平，知道自己的学识无

论多么渊博，占有的知识也是有限的，不可能事事成为专家。这样就会改变自己的处事态度，能够宽容对待人与事。

知道让人三分，退一步海阔天空的道理。快乐是生活的最高境界，人长期郁闷，对什么都没有兴趣，还有什么意义呢。钻“牛角尖”的人，其实所钻的东西没有什么特殊的内容，有些问题没有任何意义，但是为了面子，与人家争论得面红耳赤，心情压抑，多么地不划算啊。对于非原则的事情，忍让一下，双方不伤害任何感情，双方都愉快，何乐而不为呢。

勤于思考，深思熟虑，不要急于开口。遇到问题，要开动脑筋认真思考，弄清楚事情的来龙去脉，不要鲁莽开口，发表意见，与别人叫板。其实，沉默未必是坏事，一时的沉默会换来长久的快乐。

心理专家提示：平时多学习，积累知识，拓宽知识面，改善知识结构，努力丰富自己的阅历，综合素质提高了，看问题就深刻了，也就不偏激了。

9. 克服“失落”

看到自己一天一天的衰老了，内心着急，却很无奈，心里的滋味难以表述；以前在工作中是骨干、领导，位置很重要，现在没有人过问了，心中就开始了烦恼；身体有了疾病，性功能丧失，或者部分丧失了，就觉得生活枯燥无味了，活着犹如下地狱一般；看到自己不能干体力活了，记忆力也差了，认为自己是废物了；看到孩子不与自己亲近了，看到孩子们嫌弃自己碍事了，就变得沉默寡言，

把自己孤立起来；看着衣柜里年轻时的漂亮衣服，摸着发福的肚子，看着稀疏的头发，感到没有什么指望了，唉声叹气的样子，悲伤的仪态等等，都是失落心理在日常生活中的表现。失落心理是指，当自己身体衰老，被迫终止了热爱的事业，或者某些方面不如人，出现了急躁、无奈与不满的心理倾向。

有了失落心理的老年人，一般会有以下几种表现，对事情不怎么关心，面无表情，整天无精打采，不思进取，得过且过，封闭自己，有意识地疏远亲人与朋友等等。失落心理是灵魂的腐蚀剂，如果不加以克服，就会把人引入深渊。

克服方法

顺从自然法则，平衡心态。人的一生必定会经历衰老，这是无法抗拒的事实，要敢于承认差距，承认不足。对待衰老的态度有两种，一种是不甘寂寞，继续发挥余热，把人生的价值最大化，以乐观的精神对待不如意的事情；二是自虐生命，颓废下去，让自己在痛苦中结束生命，让亲人跟着你痛苦一生。聪明的老年人肯定会选择前一种活法。其实，只要顺其自然，珍惜生命，热爱生命，不虚度年华，坦然面对现实中遇到的问题，一切不如意的事都会烟消云散了。

善于欣赏生活，品位生活。年轻时只忙于工作了，没有时间与精力享受生活的快乐，退休后，时间充裕了，完全可以利于这一优势，从各个角度去参与生活，捕捉生活的乐趣，实现年轻时没有实现的目标。生活是个万花筒，既丰富又多彩，你用真心去感悟生活，生活就会真心地回报你，让你感到无限的幸福。

主动出击，寻找快乐。对付失落心理最好的武器就是主动出击，打破封闭的精神枷锁，多参加各种健康的集体活动。多与老朋友交

谈，多看书，多读报，接受新知识、新思想，生活自然会充实起来的。

心理专家提示：失落不可怕，只要你心中的那团火没有熄灭，只要你敢于走进生活，温暖的阳光就会出现在你面前。

10. 克服“贪玩”

玩麻将不顾身体条件，没有时间观念，超负荷，透支体力，什么都不顾忌了；打扑克不分昼夜，饭可以不吃，对劝说的亲人十分反感；棋瘾来了，就不想收盘，药可以不吃，水可以不喝；本来经济条件，居住条件达不到，养一只鸟足够了，可是还嫌少，3只、5只、8只、10只的养，鸟笼子讲究高贵、气派、华丽，伺候鸟的精神气十足；喜欢热带鱼，不考虑家庭条件，水族箱越大越好，鱼只选高档的，认准了买金龙、银龙鱼；玩蛐蛐投入地到了忘我的地步，眼睛里已经没有其他人和事了，桌子下、床下、柜子下，到处都是蛐蛐罐，蛐蛐罐也十分考究，材质有大理石的、紫沙的、白玉瓷的、红浆泥的，白天斗，晚上捉，手电、网子、储藏桶，样样齐全，比对人还投入等等，这些都是生活中贪玩的表现。

贪玩心理是指，对自己喜欢的活动达到了近乎疯狂的地步，根本不顾客观条件，不考虑别人的内心感受，甚至以损害身体为代价，只顾自己一时快乐的心理倾向。

克服方法

认识其危害性，增强自控能力。轻松适度地玩是好事，有利于身体健康，但是如果超体力玩，就可能出现乐极生悲的后果。例如，

62岁的姜叔叔喜欢打麻将，一天与几个老工友玩了起来，连续16个小时不间断，老伴送的降压药他也没有顾上吃，最后上卫生间时，眼前一黑，摔了一跤，当即就不醒人事了。教训太深刻了。为了你的健康，必须有自控能力。

明白维护家庭和睦最重要的道理。老年人应该把家庭营造成快乐窝，现实生活中诱发家庭矛盾的因素主要与老年人“贪玩”有关系。一味地贪玩，忽视了家人的感受，别人就会劝你，你肯定不高兴，轻则吵架，重则发生“战争”，使家庭关系出现裂痕。好好地回想下，在家庭与玩的问题上，孰轻孰重，心中应该有数。

志向应远大。俗话说：“玩物丧志”，脑子里都是玩的东西，亲情、家庭、事业、社会责任感就会逐渐淡化，生命的意义也就变得无足轻重了。其实，老年人是可以大有作为的，在有生之年，仍要胸怀大志，珍惜时间，实现第二次创业。历史上很多流芳百世的人物，不乏大器晚成的老年人呢。不要总以岁数大了为借口，年龄与事业的成功没有什么矛盾。

心理专家提示：适度玩乐，有益健康；过度玩乐，等于慢性自杀，比疾病更危险。

11. 克服自杀心理

身体被检查出有重大疾病以后，感到恐惧，产生轻生的念头；亲人亡故，伤感致极，觉得活着没有任何意义了；犯了重大错误，认为无脸见人，痛苦不堪，只有以死来求得解脱；生活困难，家庭矛盾不断，没有生活下去的勇气了；与人家闹矛盾，遭受了人格的

侮辱，一时想不开，出现了自杀行为；觉得生活无聊，莫名其妙地厌倦了现实，无缘无故地冒出了死亡的念头等等，这些都是现实生活中自杀心理的表现。

自杀心理是很复杂的心理状态，诱发的因素也很多，有单一的因素，也有各种情况交织在一起的，甚至还有什么原因也没有的。自杀心理与自杀行为，后果与危害都十分严重，必须认真对待，采取切实可行的措施加以解决。

克服方法

生命是无价的，要倍加珍惜。人死不能复生的道理大家都知道。俗话说："千金换不来一条命"。人的生命只有一次，生命不仅属于你自己，更属于社会、家庭与亲人。无端地结束生命，其实是自私的行为。父母给了自己生命，就要善待生命，善待生命即是对自己的爱，也是对父母的爱，更是对社会的爱。所以无论遇到什么挫折、困难，都要勇敢地面对，绝对不能以牺牲生命为代价。

不断地学习，磨练意志，丰富自己的业余生活。活到老学到老，坚持学习有益的东西，可使人思维开阔，理智地对待发生的问题。生活中遇到挫折、困难及意外的打击并不可怕，其实这正是锻炼自己，磨练意志的好机会，要有迎难而上，苦中作乐的精神，勇敢地向命运发起挑战。为使生活更加丰富多彩，要积极培养自己的兴趣爱好，多做公益事业，多施善行德，就会有幸福感。

把生命与社会、与责任联系在一起。生命的价值在于为社会做出了应有的贡献。要把生命与社会联系在一起，而不是狭隘地谈生命。当自己站在很高的角度看待生命时，你的思想境界就升华了，会觉得时间不够用，有很多有意义的事情等着你去做，世间的万事万物都是美好的。

心理专家提示：爱护生命，就是爱护亲人，因为自杀会使亲人陷入无限的痛苦与悲伤之中。

12. 克服“迷信”心理

家里发生了灾难以后，不去认真研究解决，而是求助于神仙，希望神仙保佑；自己与亲人生病了，不赶快去看医生，而是赶快烧香拜佛，祈求神灵的慈悲；远行前不认真准备，而是掐指算吉利与晦气指数；对晚辈的婚姻问题很重视属性与年龄，发现属性“相克”，岁数不符时，坚决反对，甚至以断绝亲情关系相威胁；同样的东西，就是认为外国的好；选择房屋时，把风水放在首位，其它因素可以忽略；做了噩梦以后，惊恐不安，赶快烧纸求平安；对数字过于敏感，往往因为不喜欢的数字，神经质地放弃一些行动等等，这都是生活中迷信心理的表现。

迷信心理其实就是不相信科学，不按照客观规律办事，愚昧盲目地信仰虚幻的魂灵、鬼怪与大仙，不考虑周围人的感受，以异常的行为去追求根本达不到的目的。迷信心理如同精神鸦片一般，它能严重腐蚀人的心灵，甚至使人走火入魔，干出愚蠢至极的事来。所以，必须坚决克服。

克服方法

开阔视野，相信科学，拒绝愚昧。平时要多学习新知识，接受新思想，用现代科学理论占领思想阵地。有条件的话，应该多学一些辩证法，牢记物质是第一位的，物质决定意识。遇到问题，只有按照科学规律办事，努力去解决，才是根本。那种以无聊愚昧的方

式，自欺欺人的方式解决问题，只能害人害己。

明白信神仙，不如信自己的道理。世界上没有救世主，也不能依靠神仙皇帝，要靠我们自己。鬼怪、神仙都是人们编造出来的，世界上根本就不存在，把生命寄托到不存在的虚幻的鬼魂上，就等于自掘坟墓，肯定不会有好结果的。

擦亮眼睛，明辨是非。很多迷信的东西，其实都是以骗人钱财为目的的。成本只有几元钱的护身符，被骗子们一煽乎，就带有了仙气，可以要你几百、几千，甚至把存折也让人家忽悠去了。要时刻提高警惕，远离迷信。

心理专家提示：迷信可以搅乱心志，使人陷入痛苦的泥潭，要排除各种干扰，坚持唯物观。

13. 克服“抑郁”心理

抑郁心理是老年人的一大杀手，发病率比较高。抑郁发病比较缓慢，主要表现为三个方面，情绪低落消沉，思维迟缓，意志减退。

患有抑郁的老年人，各种不良的心境交织在一起，悲观、急躁、郁闷、绝望、失落，常常是自我封闭，不愿意暴露自己内心的苦恼。有的老年人终日无语，没有丝毫的欢乐情绪，不愿意外出活动，终日躺卧在床上；有的老年人对亲人没有了亲情，与世隔绝，麻木不仁；有的老年人对事情非常敏感，总是自责自己无能，唉声叹气的样子；有的老年人容易激动，伤感至极，常常以泪洗面，甚至有了轻生的念头。抑郁心理的危害严重，发展下去会导致自杀事件的发生，应该及早治疗。

克服方法

快乐的心态是最佳的良方。据实践证明，快乐是驱除抑郁的最佳法宝，要设法通过参加各种自己喜欢的活动，改变自己看待事物的态度，多感受美好的东西，多获得快乐的信息，在笑声中疏导郁闷的心境。要快乐，就要勇敢地改善生存环境，大胆地走出家门，把自己融入集体里，在健康积极的活动当中，找回自信。

以音乐为伴，以自然为趣。音乐是人类最好的精神食粮，抒情、激进的乐曲会给人以向上的源动力，让人回味无穷，心情舒畅。每天可以静下心来听几曲，也可以选几曲喜爱的地方戏剧欣赏，让生活充实起来。平时，要主动接近大自然，欣赏美好的景色，达到天人合一的境界，就会有幸福感了。

使自己豁达起来，勤于交流。豁达是快乐的前提，交流是快乐的使者。对人对事不苛刻，能宽容别人，就不容易生气，郁闷的程度就会降低。自己心中有烦恼时，不要封闭自己的思想，主动与信任之人交谈，这样会把不良的情绪排解出去，人就会轻松自在了。

心理专家提示：痛苦与快乐只是感觉上的不同，痛苦的事，如果你用快乐的眼光看，兴许就会变快乐了；快乐的事，如果你用痛苦的眼光看，兴许真的就痛苦了。

14. 克服“迷恋电视”心理

有的老年人没有其他爱好，对看电视几乎到了痴迷的程度。整日与电视为伍，从早看到晚，甚至把自己融入其中了，声泪俱下，情绪无法控制；有的老年人坐在电视机前，像木头一样，呆呆地看，

已经没有了任何表情；有的老年人把自己与电视剧里的人物比较，随着电视剧的发展，出现愤恨、情绪失常、郁闷、失落、惋惜、痛苦、悲伤的状态，干扰了自己正常的生活；有的老年人不顾身体健康的情况，不注意休息，无论什么电视节目都看，除非电视台结束播放，才被迫关电视，对其它任何事情都不怎么关注；有的老年人把看电视当成了一种习惯工作，拿着遥控器来回换频道，每个节目也没有静下来认真看上几分钟等等，这些都是迷恋电视的表现。

迷恋看电视是消极的心理状态，是逃避现实的一种表现，严重发展下去，会使人出现冷漠，甚至抑郁，要引起广泛的重视。

克服方法

不做电视的俘虏。电视能给人带来无限的信息，不是不能看，但要科学地安排好时间，要与健康及其他生活结合起来。国外的一些专家认为，迷恋看电视(一天超过10小时)是危害人体健康的另一重要杀手，它会使人的精力转移到到电视内容中，而忽视了人性中美好的东西。长时间坐着看电视，对眼睛、脊椎、血压循环都不利，会影响人的身体健康，这已是不争的事实。为了自己的健康，就要克制迷恋心理，不能成为电视的俘虏。

户外运动最重要。老年人不应该把自己长期关在家里，更不能把自己捆绑在电视机前。人是自然的人，只有与大自然亲近，才能感到真实与美丽，才能使自己的心态平和。所以，要让自己生活的快乐真实，就要注重户外运动，根据身体条件，爬山、游泳、旅游、考察，使自己心情舒畅起来。

爱好广泛，把看变成学。有的老年人由于身体等原因，不能外出运动，这样就应因地制宜，结合自身的特点，充实自己。可以选择健康的电视节目，如老年人大学、空中课堂、健康讲座、书画讲

堂等等，在看中学到知识，并把知识转化为行动。把家庭生活经营得丰富多彩。

心理专家提示：看电视要有度，以保证身体健康为前提，选择健康、知识、新闻、科技类的节目看，时间应控制在2个小时以内，不宜看暴力、大喜大悲、刺激性强烈的节目。

15. 克服“依赖”心理

本来自己能打扫卫生，却以身体不好，要别人帮忙干；本来可以记住的事情，借口记忆力下降，脑子不好使了，让别人帮忙记；本来自己能走路，可是还提出让亲人帮忙走；本来自己可以做饭，却以自己眼睛花了，做不好饭了，让别人做；本来自己可以洗衣服，却以自手脚不麻利了，让别人代替；本来能自己去银行取钱，却以路途远，身体有毛病为借口，请别人代取等等，都是生活中依赖心理的表现。

依赖其实就是没有信心，畏惧困难，不愿意通过自己的努力实现目标的心态。依赖心理不加以控制的话，会使人精神颓废，自暴自弃，意志涣散，不敢面对困难，丧失生活的勇气。严重时会出现冷漠，情感淡漠，甚至自杀现象。

克服方法

树立自信心，坚信自己能行。面对问题，只要努力解决，肯定能找出办法的。其实，很多看着很难的事情，一旦做起来，并不那么困难。未做就犯难，希望得到家人的帮助，肯定就会感到压力很

大，缩手缩脚，反而真的就办不到了。如果在精神上振奋起来，藐视困难，不靠天，不靠地，坚信自己能行，勇于去尝试，很快就把问题自行解决了。

从小事做起，持之以恒坚持下去。凡事靠自己的力量来解决是令人欣慰的。通过付出劳动，以自力更生方式对待问题，是最快乐的。老年人岁数大了，做任何事，千万不要贪大求全，要敢于承认差别。但承认差别，不等于自己不做事。要重视每件小事，只要能通过努力自己完成的，无论多小，也会有成就感，快乐感。现在就自己干吧，你能行！

鼓励自己，不要担心把事情办坏。一些老年人之所以有依赖心理，就是因为担心把事情办坏，所以就退缩了。其实，这些担心都是多余的，生活中能有什么大的事情害怕干坏呢，饭做坏了，重新做；把碗摔了，重新买一个；忘了电话号码，再查询下；外出买菜，几块钱丢了，就丢了，没有什么可害怕的。做事之前，一定要鼓励自己能行，能干好，千万不要担心干不好。

心理专家提示：现在就把拐棍扔掉吧，自己劳动所得才是最快乐的。快乐是别人无法代替的，也是别人无法感悟到的。

四、我要心理平衡！怎样调养呢？

1. 充足的睡眠

真实人物

刘叔叔自打退休后，经常熬夜看电视，到了下半夜电视结束了，想睡觉又睡不着了。折腾到天亮以后，没精打采，恶性循环，天天如此。退休前，刘叔叔身体可好了，脾气也好。现在总觉得头发昏，双脚发麻，没有食欲，什么也不想吃。一次，因为一句话，冲老伴大发雷霆，把老伴骂得狗血喷头，气得老伴心脏病犯了，抢救了3天，才保住了生命。他后悔地说，自己控制不住情绪，莫名其妙地想发火。医生经过仔细询问，认为他的情绪变坏，与睡眠不好有很大关系，建议他重视睡眠。刘叔叔接受了医生的建议，改善了睡眠，情绪逐渐平和了，身体也变得健壮了。

良方妙处

儒家认为："养神需缜眠，缜眠则神怡。"现代心理学也证实，良好的睡眠对于心情的调养有着极其重要的作用，也是其他方式、方法不能取代的。充足的睡眠对于心理平衡的好处大致有三：

一是使人大脑清晰，不容易产生冲动。睡眠对于恢复体力，特别是对于稳定情绪有着神奇的效果。一个老年人如果连续24小时不睡觉，思维就可能会出现混乱，情绪也会变得异常，本来不大的事情，就可能引发大的"战争"。

二是使人安逸，精神饱满，精力充沛，延缓衰老。老年人最忌讳的就是激动与暴怒，这样不仅对心理健康非常不利，还容易引发心脑血管疾病的发生。睡眠不好，容易造成血压升高，导致大脑神经系统出现"罢工"现象，让人的火气十足，甚至感到郁闷。这时候

一旦遇到不顺心的事情，就可能如火山爆发一样，根本不考虑严重的后果，结果令人无法想象。去年春节，一位66岁的王大爷与长久未见面的老同事一起玩麻将，24个小时连续作战，因为牌友的一句话，与老同事争吵起来，结果突发脑溢血，当即死亡。教训十分深刻。

三是使人理智，冷静地思考，心态随和，心静如水。充足的睡眠，会使身体的各个部位都得到充分的休息，特别是脑细胞得到了休息，使人体内的阴阳平衡，内火得到有效宣泄，这样人就会变的理智起来，当遇到不顺心的事情以后，就会客观地对待了。

专家提示：睡眠与人的情绪有着极其密切的关系，熟眠而神满，失眠而神伤，乏眠而神损。

2. 善待万物

真实人物

前不久，张叔叔与李叔叔同时退休了，可是三个月以后，两个人的身心状态迥然不同，令单位老干部处的同志大吃一惊。李叔叔精神饱满，红光满面，身轻如燕，几乎没有去过医院；张叔叔精神萎靡不振，面无表情，步履为艰，一副懒洋洋的样子，去医院看病，花了几千元的药费。这是为什么呢？其实没有什么大的内情，主要是李叔叔善待万物，喜欢动物、花草、鱼虫，每天与鸟儿同歌，欣赏花草的艳丽，观赏鱼儿的自由自在，虫儿的姿态，心情舒畅，吃得香，睡得稳；张叔叔有洁癖，看到动物、花草、鱼虫觉得脏，每

天谨小慎微，甚至不愿意出屋，没有食欲，还严重失眠。

良方妙处

根据对现代长寿之人的调查，他们共同的一个特点，就是都能善待万物，善良无私。其实，万物皆有灵性，你爱它们，它们就会成倍地回报你的爱，给你无限的快乐。

用心去善待。要把自己看成万物的一员，与之共处。人不是单个的人，是与万物有着密切联系的。老年人要能放下躁动的心，不要太在意什么，也不能太注重面子，要把自己视为万物之一员，和谐地与周围的万物共处。要能容忍周围的事物，要对周围的万物献爱心，要学会欣赏周围美好的事物。千万不要孤芳自赏，这会使自己走向孤立。

用手去善待。要明白万物都有灵气，不可随意摧残。世间万物经过亿万年的演化，生存在地球上。有的动植物，比人类出现在地球上的时间还长，它们有自己的语言，有自己的情感，它们与大自然是那么地和谐。人不能违反大自然的规律，随意摧残它们，甚至破坏生物链，最终必然受到惩罚，害人害己。平时，看到受伤的动物，积极帮助治疗；看到歪倒的小树，扶起来等等。

用眼去善待。要学会观察，在万物身上寻找快乐点。现实生活中，只要你留心观察周围的万物，会发现很多惊奇的情景。花草的四季轮回，动物的季节行动规律，日月星辰的奇妙变化，农作物的生长周期，种子的发芽与生长等等，只要你热爱生活，看什么都觉得新奇，都觉得有意思。所以，平时应该学会观察周围的事物，懂得周围植物、动物的语言与情感，善于与它们沟通，从中感悟快乐与幸福。

专家提示：善待万物者，天地之心，日月可照，自然无华；善待万物者，心胸开朗，无私无怨，乐天、乐地、乐自然。

3.遇事不惊

真实人物

面对同样的意外，由于两个人的心态不一样，结果也相差十万八千里。刚刚退休的王老师与毛老师相约到郊外爬山，刚刚通过一个无人看管的铁道口，身后就发生了火车撞人的事故，被轧死的人，血肉模糊，内脏外露，骨头、脑浆摊了一地，惨不忍睹。两个人近距离看完后，心中不免有些后怕。回家后，王老师好像什么也没有发生过一样，一切正常活动。可是，毛老师就不同了，脑子里总想着血腥的画面，夜间做噩梦，白天精神不振，食欲下降。好像变了一个人似的，一下子老了十几岁，不爱讲话了，不怎么外出了。后来，患上了抑郁症，严重影响了身体健康。

良方妙处

遇事不惊，是心理素质好的一个基本标志，也是稳定情绪，保持心态平和的关键。心理素质不好的人，遇到意外刺激以后，大脑电磁波会发生强烈的改变，甚至导致神经中枢失控，出现精神崩溃，严重时还会致人死亡。所以，具备处事不惊的态度，对平衡心态，享快乐晚年十分重要。

磨练意志，凡事靠自己。平时要有意识的锻炼自己，让自己多

吃点苦，不要有依赖思想；能自己干的，就自己干，只有克服了重重困难，自己干成功了，才会觉得幸福与满足。磨练意志，要从一点一滴的事情做起，重视每一次问题的解决，决不轻易放弃，哪怕是只有1%的希望。越是困难的、阻力大的，越要急流勇进，直到彻底解决。你应该明白，良好的意志品质，不是上天赏赐的，而是靠自己打拼出来的。

不违背常理，一切都顺其自然。任何事情的发生，都有其自然规律，不要勉为其难，也不要杞人忧天，更不要抱怨世态不公。无论发生什么事，哪怕是与亲人的生死离别，都要用健康的心态去面对，要有勇气接受任何残酷的事实。悲伤过度，不但不利于问题的解决，反而会增添更多的烦恼，加剧问题的恶化。

多读有意义的书，激发斗志。没有天生的懦夫，也没有天生的勇士。要做到处事不惊，亲身实践是第一位的，多读一些有意义的书也是不可或缺的。平时，要有选择的读些英雄人物的传记和励志类图书，学习英雄人物面对生与死，面对常人难以忍受的苦与难时的无畏与坦然，在无形之中吸取英雄人物的英雄豪气，以激发自己的斗志，笑傲人生。

专家提示：生活在世界上的每个人，都会面对一个又一个的难题，以什么态度去面对，完全取决于你的思想水平。要想快乐地面对，就要以自然之心面对；要想痛苦的面对，那就是以刻薄之心面对了。

4. 勿大喜、大悲

真实人物

66岁的王大爷喜欢收藏，从来没有收藏到什么像样的宝贝。一天，他在乡下的集市上转悠，意外发现了一个明代万历年间的瓷瓶，品相极好，因对方不太懂瓷器，双方都以为是赝品，最终以50元钱成交了。回家后，经过专家鉴定，是正而八经的官窑。王大爷拿着瓷瓶，高兴地手舞足蹈，又多喝了几口酒，突然眼前一黑，昏倒在饭桌上，当老伴从厨房出来以后，他已经没有了呼吸。

良方妙处

健康长寿的人，对任何事情都能以平常之心去对待，既不大喜，也不大悲。心理实验证实，无论是大喜，还是大悲，都会引起剧烈心理变化，使神经系统出现异常反应。久而久之，容易导致功能性的病变，引发高血压、脑溢血、脑梗塞、癌症等等。

控制情绪，笑对人生。人的一生，可能要经历很多波澜壮阔的事情，聪明的人驾驭自己的情绪，荣辱不惊，给自己以更多自由回旋的余地，巧妙地给“心”铸造一个弹性保护层，使心不至于受到冲击。仔细考虑一下，很多问题，不是一时的快乐与悲痛，就能改变的。

学会把什么事情都看透的本事。当人把什么事情都看透了，对荣誉、地位、金钱、住房、待遇等等，也就无所谓了。学会看透问题的本领，需要加强内功的历练。经常以人为镜，以史为镜，不断反省自己的过去与现在，以发展的眼光看待遇到的情况，就能做到心静如水了。其实，再多的喜，也只是一时；再大的悲，也会随着时间的推移，逐渐消失掉。真实生活就是普通的生活，还是现实一点儿好。

沉着、冷静、坚毅、自信、乐观。一个人无论处于什么环境之中，无论遇到什么风雨与彩虹，只要保持自我的风格，坚守着自己的阵地，按照自己的一贯作风行事，就不会有什么起伏，更不会有什么惯性冲击。其实，成熟之人的标志是：沉着、冷静、坚毅、自信、乐观。老年人要不断地修炼自己，做到“难得糊涂”，装着看不见，装着听不见，使自己充分享受清净、无为、和谐的快乐。

专家提示：控制好自己的情绪，以平常之心面对突发的各种情况，做一个大彻大悟之人，深悟事理之人，健康快乐之人。

5. 欲望有度

真实人物

61岁的赵叔叔开了一个门市，经营水果生意。每天的收入非常好，已经足够生活用度了。可是他看到相邻的水果摊赚的钱比他还多，心理很不平衡。每天更加辛苦了，起早贪黑，与人家竞争。对手是20多岁的年轻人，身体素质好，熬夜、加班都不在乎。而赵叔叔本来就有高血压，紧张、焦虑、着急，导致病情加剧，最后竟然体力透支，在水果摊前，突发脑溢血猝死了。

良方妙处

人没有欲望是不现实的，但要把握度。没有欲望，也就没有进步了。积极、向上、适度的欲望，给人以幸福、快乐，值得发扬。但是从健康及养生学的观点来看，没有止境的欲望，就是洪水猛兽

了。想一想，如果欲望没有止境的话，一个欲望实现了，等待你的可能将是更难实现的欲望。欲望越多，烦恼越多，你根本就没有机会、没有时间寻味快乐与成功带来的喜悦之情。

知道“知足常乐是金”的道理。人的发展是有规律的，创业、成功、再创业、再成功，接着就是隐退，颐养天年。要承认客观发展规律，要知道什么时候进，什么时候退，硬撑着自己，欲望极度地膨胀，最终会把自己弄的遍体鳞伤。一位在沙漠遇险的地质学家，曾经说过这样的一句话：“什么是幸福，有干净的水喝，有可口的饭菜吃，就是最大的幸福了。”看来，只有经历了生与死的磨难以后，才能明白知足是金的道理。

知道“生不带来，死不带走”的道理。其实，谁都明白这个道理，但是真到了现实中，面对具体诱惑时，金钱、色、权欲、物欲就会使人忘掉了健康与生命，变的贪得无厌了。闹的整日心神不安，给自己以极大的压力，心中无法平静，烦恼、郁闷、焦虑日日陪伴你，身体一天天地垮下去，都不知道自己是谁了，不知道自己该干什么了，本末倒置。

知道人生最宝贵的东西，一是生命，二是快乐。当一个人为了追求无穷的欲望，挖空心思钻营，表面上看是得到了一些东西，但是损害了身体，丧失了快乐，对任何事情都麻木了，生命还有什么意义呢？当你拼搏到了筋疲力尽，奄奄一息的时候，即便是金山银山堆在面前，又有何意义呢？天下的财富不可能让你一个人赚尽，天下的好事不可能都是你一个人的。上天是公平的，不良的欲望追求的太多，生命与快乐就相对会减少。

专家提示：人的欲望是无限的，可是人的体力与精力是有限的。以自己有限的精力，去追求无限的欲望，必然会透支体力与心力，使自己陷入苦恼的泥潭当中。

6. 家庭幸福

真实人物

65岁的江叔叔又与儿子吵架了，这次吵得十分激烈，儿子摔门而走。吵架的原因是儿子打麻将一整夜，还留不三不四的女子在家过夜。江叔叔气得浑身搐动，脑子乱了章法。进厨房烧水时，旋转煤气电打火开关时，没有把火点燃，空跑煤气，就回客厅休息，迷糊睡着了。结果煤气外漏，弥漫到客厅，江叔叔再也没有醒过来。

良方妙处

俗话说："家和万事兴，家和抵万金。"家庭是避风港，是人生的加油站，是休养生息的乐园。幸福的家庭，可以给人以无穷的动力，战胜困难的勇气，令人振奋，不知疲倦。长寿之人，快乐之人，必有一个幸福和谐的家庭。

建立健康的爱巢，一时一刻也不能停下来。人们经常见喜鹊建巢吧，每天喜鹊都不知疲倦地衔着树枝子维护巢穴，以防止被风吹散。道理很简单，因为不维护的话，巢穴就要散落。家庭也是如此，美好的家庭需要时刻维护，不能停下来。聚集家气难，败坏家气易。不是危言耸听，有时因为一句话，一个动作，一个小误会，就会把

好端端的家给毁掉。

互爱、互敬、互容、互谦、真诚，是家庭幸福的基础。家庭是由多个成员组成的，思想水平、道德标准、文化程度、社会阅历、民族成分、爱好、兴趣、成长环境等等不尽相同，允许事实上的差别存在，这是处理好家庭关系的先提条件。不承认差别，就可能导致看不习惯，继而出现烦恼，烦恼久了气滞淤积，就会使身体出现疾患。

甘愿牺牲，勇于奉献、吃亏。家庭成员没有牺牲精神的话，是很难做到幸福美满的。幸福家庭，每个人都要无私地付出，无私地维护。正可谓是，有力出力，有钱出钱，有心出心。只图付出，不图回报，最终你会得到真正的大回报——幸福、快乐、温暖与安逸。在家庭里，如果只想着自己，斤斤计较，患得患失，倚老卖老，指东道西的，最终会闹得家庭四分五裂，或者出现互相猜疑的局面。自己栽下的苦果，还得自己吃下，落得凄惨的下场。

专家提示：幸福家庭需要精心呵护，需要牺牲与奉献，需要的是真诚，来不得半点敷衍。

7. 生活规律

真实人物

60岁的叔叔退休第一天，就开始放纵自己的行为了。按照他的话说，现在终于“解放”了。每天就喜欢打扑克，约上几个人到附近的公园里，一打就是一天，有时回家还接着打。困了就多抽几口烟，

饿了就随意凑合一下，冷一口热一口的，根本没有规律。本来就没有了老伴，这下更撒欢了。孩子也不经常回家，对他也谈不上什么照顾。日子一久，身体十分虚弱。一天，他在外面连续打了12个小时的扑克，没有怎么吃饭，半夜迷迷糊糊地回家。上楼梯时，腿一软，摔了下来。在走廊里昏迷了3个小时。直到邻居下夜班回家，才发现了他。赶快送进医院，但是最终成了植物人。

良方妙处

俗话说“万物皆有律”，人更应该如此。老年人已经有了适合身体特点的生物钟了，吃饭、休息、饮食、运动、工作、饮水等都有规律了，几十年的坚持，已经形成了自然的条件反射。如果强行违背规律，必然会影响人的情绪，打乱正常的新陈代谢秩序，危害身体健康。

思想上应高度重视起来。健康的人们有一个共同的经验，就是都具有良好的生活习惯。生活习惯靠的是自觉的行为，严格的意志力来约束。其实，生活中没有人强求老年人干什么，但是老年人自己要对自己的行为有一个负责任的态度。仔细考虑一下，当你自己对身体健康，对情绪的好坏都无所谓了，更何况他人呢。所以说，自觉的地束，思想重视程度，对于老年人健康生活规律的形成，十分关键。

把生命健康放在第一位。无论参加什么活动，有什么山珍海味，都要以维护自己的健康为前提。只要发现过度了，打乱自己的生活规律了，情绪几乎要无法控制了，已经有损于身体健康了，就要当机立断，断然停止。马上回到属于自己的生活节奏上来，要让行为按照自己的韵律走。这样人的新陈代谢就有序了，各个器官之间的协调也就会到位了，效能也能正常地发挥了。

自觉养成良好的生活习惯。有的老年人生活有规律，但是不科学、不符合人的生命特点，对健康也没有什么好处。所以，要快乐，要健康，必须要养成良好的生活习惯。饮食的合理搭配，运动量的轻重及运动时间、睡眠的时间与习惯，饮水的总量控制，大小便的次数，个人卫生的维护等等，都应该有科学的规律，绝对不能马马虎虎。

专家提示：健康的习惯，有规律的生活，对于人的生命来讲，意义重大。会对人的情绪、心情、健康产生直接的作用，正作用会使人健康、快乐；负作用会使人痛苦、烦躁。

8. 悠闲的垂钓

真实人物

68岁的史叔叔，退休8年来，没有进过一次医院，走起路来与小伙子差不多，为什么呢？就是因为每天步行去钓鱼。离他家6里地的郊区有一处环境优美的湖泊，里面有十多种鱼，湖边的景色迷人，每天步行来到这里，心情格外舒畅，坐在湖边，架好杆，喝着清香的茶水，享受着温暖的阳光，真是比神仙还快活。

良方妙处

老年人退休后，如果身体适合，经常在美丽的湖边垂钓，享受大自然的美丽风光，会使人心旷神怡，轻松自由，精神饱满，达到忘我的境地。对身心健康也非常有益。

不是为了钓鱼而钓鱼。《本草纲目》的作者李时珍说：垂钓能解

除心烦，消除燥热，静心养神，平衡阴阳。要达到修身养性的目的，千万不要把钓鱼当成负担，不要计较钓了几条，有多大，要当成一种自然的活动。有则快乐，无则亦乐。正如俗话说的那样："吃鱼哪有钓鱼乐，乐在其中难说出。湖边一站病邪除，养心养性赛神仙。"

眼观六路，耳听八方，让自己融入风景如画的自然风光里。垂钓时，等待的时间比较长，不能光在那傻等。应该让眼睛转动起来，欣赏水里的草、流动的水花；飞舞的蝴蝶、蜻蜓、蜜蜂；观望远处的山、树、花。耳朵也不要闲着，静静地听鸟儿歌唱，听喜鹊的叫声，青蛙的鸣叫，使自己融入其中。真正感受大自然的快乐。

与鱼逗乐子。鱼儿上钩之时，正是令人心醉之机，不要着急提杆，可以与鱼同舞。随着鱼儿的运动，与之左右、前后行动，以力借力，直到把鱼溜得没有还手之力，要多感受一会儿瞬间的快乐。另外，钓鱼时要注意安全，选择的地点要通畅，没有高压线等危险物，防止中暑与冻伤，防止蚊虫叮咬等等。

专家提示：垂钓可以消除杂念，安五脏，通血脉，顺血气，平和心态，滋养神经。

9. 科学运动

真实人物

62岁的高叔叔从来不参加任何运动，一天他听说邻居65岁的白叔叔每天坚持长跑，身体结得的很，也来了精神，觉得自己岁数小，跑步更没有问题。第2天，他早早起床，主动找白叔叔一起跑步，

途中感到心口发堵，碍于面子没有停下来，继续坚持，结果意外发生了。高叔叔心脏病突然发作，没有说一句话，就死在了半路。大家对他的去世感到非常惋惜。

良方妙处

生命在于运动，心情在于调整。老年人喜欢运动，但是运动量该如何把握，却不一定清楚。运动量的问题是个大问题，关系到生命健康，一定要认真对待。

掌握好适合自己的度。要保证运动不伤害身体，必须清楚自己的身体状况，以运动中不感到心慌、头昏、恶心、失态、呼吸困难为宜。国外运动研究机构认为，中等运动对身体健康才有益。过度运动，有损健康。适合老年人运动的项目有：比正常速度快一些的散步，慢跑，跳绳，乒乓球，太极拳，广播体操，游泳，跳舞，爬山等等。

贵在坚持。老年人运动贵在坚持，坚持下去必然有效果。不能急功近利，马上就想见成效。要有毅力，数十年如一日，每天到户外进行运动，少则1个小时，多则3个小时以上。不能三天打鱼，两天晒网。为了保持持久，可以约上几位志趣相投的老人一起运动，互相促进，互相激励。还能保证安全，起到约束自我的作用。

安全第一。在运动中，应该把安全放在首位。现在户外的环境比较乱，不安全因素也比较多，要把可能存在的危险因素考虑周全，选择的场地要安静，空气新鲜，避定吵闹等杂音干扰。如果对身体状况心中没底，可以先去医院检查，对自己的心脏、肺活量情况有了了解，听听医生的建议，以备不患。

专家提示：运动有益健康，但是要把握好尺度，寻找到适合自己的方式，特别是找到适合自己的运动量，否则有害无益。

10. 积极交流

真实人物

78岁的郭爷爷身体没有一点毛病，他的健康经验是，每天到公园与大家聊天，敞开胸怀，笑谈古今中外。小到煤气、水价、绿化、蔬菜、庄稼，大到国际战争、股票、期货、拉登、恐怖袭击，每天笑声不断，一吐为快。18年如一日，天天如此，就是刮风下雨也坚持。真让人钦佩！

良方妙处

从交流中获得快乐，拓宽知识面，对于身心健康，脑细胞的发育，大有益处。通过积极的交流，可以使人不断地思考问题，组织语言，调动大脑记忆细胞的积极性，保持旺盛的斗志，逐渐使人达到“完美”的境界。

选择好的交流对象。要保证交谈的质量，使自己受益，让自己快乐，前提是选择好交流对象。常言道：“谈者如君子，自受其善之。”与君子一类的人交谈，互相理解，容易相处，氛围温和，渐入佳境，兴致勃勃，各受其益。就如同干渴至极时，喝下了清醇的泉水，真是一种极高的精神享受。

注重交流内容。老年人之间的交谈必须是积极有益的，内容必须是高尚健康的。最忌讳交流消极、伤感的话题，也忌讳无端议论

他人，乱嚼舌根子，这样只能是越谈越伤心，越郁闷，无易于身心健康。可以谈论古今中外的趣闻轶事，说说新闻，谈论养生之道，教育子女，电影、电视剧等话题，诙谐幽默，共享快乐。

不分亲疏远近，年龄长幼。交谈能使人宽心，能把忧愁谈的无影无踪。要主动与不同的人交谈，特别是与年轻人交谈，开卷有益。不同的人，经历不一样，对事物的感受也不一样，这样会给你带来很多意外的收获，会使你的知识面逐渐拓宽，不至于变成孤陋寡闻之人。

专家提示：刻骨铭心的交谈，是获得快乐的最佳途径，所以交谈要讲究用“心”去谈，不能敷衍了事，更不能把交谈演变为发泄。

11. 舞文弄墨

真实人物

86岁的志愿军老战士刘爷爷，身体健康，走路带风，谈笑风生，几乎没有生过病。他的独特养生之道就是舞文弄墨。每天清早，他带上笔墨、水桶来到附近的公园，静默十分钟之后，调理呼吸，静心冥想，让自己进入大自然的怀抱，而后专心练习毛笔字、水墨画。不一会的功夫，潇洒自如的大字显现出来，奔放、洒脱的字体，使人有如腾云驾雾一般；农家趣乐图，把丝瓜、南瓜、葫芦、鸡、鸭、鱼描绘的栩栩如生，令人沉浸于其中。

良方妙处

古往今来，大凡书法家、书画家多长寿。书法家文徵明活到90岁，书画家齐白石大师、刘海傈大师年逾9旬，仍旧挥毫泼墨，妙笔生花。练习书法好比练习气功，静中有动，动中有静，头、眼、腰、手、腿、大脑都在运动。写完一副字，画完一副画，相当于跑了几百米路，爬了几十米的山。令人周身顺畅，头脑清晰，反应敏捷。

进入意境，随心所欲。老年人舞文弄墨不仅是一种消遣，更是一种健康心理调节的过程。在习字、画画时，要把心神凝聚其间，心随手动，想到手到，如亲临其境。在一副作品中，可以反映出万千的变化，静如盘石，动如蛟龙，美如妙龄少女，轻如云朵，细如银丝白发，苍劲如险峰，奔放如野马等等，脑海里有万里河山，心胸里有百万雄师。

朴实无华，自得其乐。老年人练习书画时，不要急于求成，临摹与实践相结合。不求完美、精准，但求意境与过程。成为名家固然好，但是大众画家也值得人们赞许。写字、画画都要力求朴实，最真实的也是最自然的。在创作过程中，可以以生活的原味为基础，或写实，或写意，用心品味其中的奥妙。

互相交流，不断升华。练习书画的过程，其实也是交友的过程。可以以此结交很多喜欢书画的朋友，大家在一起切磋艺术，互相鼓励提高，会使人心情愉快，兴趣盎然，对生活充满信心。通过交流，逐渐突出自己的书画特点与风格，在广博的基础上，可以专攻某一类笔体，或专画某一类型的画，天长日久就会有所成就了。

专家提示：书画是最适合老年人的养生方式之一，其深刻的玄机无以言表。字里行间，浓墨重彩之中，给人以痛快淋漓之感，唤起魅力无限的暇思。

12. 花前月下

真实人物

80岁的曹阿姨红光满面，仪态大方，高雅的谈吐，得体的衣服，宛如仙姑一般的气质，谁都爱与她接触。每天，家中院子里一拨一拨的客人非常多，赞誉声、朗朗的笑声，使她愈加的年轻。为什么呢？主要由于她亲近花，栽种花、喜欢花、欣赏花、改良花、嫁接花、爱护花，以及“月下与花为伴”的独特养生之道。

良方妙处

俗话说：“寿者乐花，贤着阅花，圣者知花。”鲜花能使人产生很多美好的联想，在花的海洋里，让人心旷神怡，思绪万千。养花、赏花是高雅的行为，历史上很多名人雅士对花情有独钟。不仅赏花赏出了水平，还亲手栽培花，培育出很多新奇的品种，并从中感悟出很多做人的道理。老年人在生活中不能没有花，要把养花、赏花当成一件与健康联系在一起的大事。

专心感悟花的生命力。花是大自然的精华，是生命力的象征。当自己亲手把花的种子埋在土里，精心浇水施肥，数日后，种子发芽，幼苗破土而出时，你的心情会为之一振，给你增添无比的快乐。每天观察幼苗的生长情况，陪伴着花苗生长，当看到含苞欲放的花蕾，绽放的鲜花，花味飘香时，会使人心旷神怡，体味丰收的快乐。真正感悟到生命的力量，生命的意义。

精心研究花。其实，花的世界比人类历史长的多，鲜花奇妙无穷，令人陶醉，令人难解其迷。喜欢花，就要认真研究花，了解花的生长习性。在室内养花，可以选择兰花、文竹、吊兰、米兰、茉莉、

石榴、仙人掌、水仙、家竹等等。阳台养花，可以选择月季、菊花、金橘、君子兰、仙客来、杜鹃、仙人球、倒挂金钟等等。庭院养花，可以选择腊梅、葡萄、菊花、芍药、牡丹、美人蕉、串红，地雷花等等。

用心赏花。当你漫步在鲜花丛中时，千万不要急匆匆地走过去，一定要用心赏阅鲜花。万紫千红的花卉，里面有神奇的世界，给人以美好的感觉。赏花要从四个方面入手：颜色、香气、姿态与韵味。通过观察，深刻领悟花的品格、神态与气度，逐渐地使心与花融为一体，该热烈起来就热烈起来，该坚毅起来就坚毅起来，达到净化心灵的目的。

专家提示：鲜花是驱除烦恼、重获生机的灵丹妙药。能令人朝气蓬勃，精神振奋。

13. 楚河汉界

真实人物

70岁的朱爷爷，几乎看不到他有什么烦恼的事。每天乐呵呵地进进出出，让人感到他身上特有的朝气、沉稳与坚毅。退休十年来，没有进过一次医院。老单位的干部来看望他，见他如此健壮，问他原因。朱爷爷说："我久经沙场，数千次起死回生，面对旁观者的讽刺挖苦，对手的杀气，我的心志磨练的已经成钢了，怎么能不健壮呢？"大家对此不解，他接着说："是'楚河汉界'给了我生活的乐趣，给了我无穷的快乐。

良方妙处

老年人的时间充裕，如果找不到一种合适的娱乐方式，最好选择“楚河汉界”。“楚河汉界”真的对身心健康有神奇的作用吗？是的。对局之中，会让人精力集中，排除各种杂念，消除心理疲劳，把生活中的不良烦恼抛到九霄云外，让人心情舒畅。

善择棋友。下棋是两个人的事，选择脾气秉性好的棋友十分重要。两人边下边聊，谈笑风生，犹如进入忘我的仙境一般，可以使身心受到极大的营养滋润。如果选择道德低下、品行不端、心胸狭窄的棋友，脏话、臭话不断，会令人心情不畅，郁闷聚积，有损身心健康。

劳逸结合。下棋应该讲究科学健康，如果长时间坐着也是很辛苦的事，可以采取轻松的形式进行，30分钟封盘，开始健身运动，做广播体操，活动腿脚，闭目养神，排除大小便。然后接着“战斗”。下棋时，要注意勤饮水，最好喝绿茶，消渴解烦，清热去火。另外，还应该约束自己，不赌、不贪、不任性、不抬杠、不较真，按时起居，饮食有规律，不能沉迷其中。

选择环境地点。下棋的时间一般短不了，每盘棋少则10分钟，多则几个小时，所以地点与环境很重要。选择的场地应该是安静、开阔、阴凉、通风、安全，不宜在吵闹、烈日下、阴暗潮湿、寒风中、不安全的地点进行。

专家提示：下棋主要是图一个乐，也是为了修身养性，所以应该有充分的心理准备。对于讽刺挖苦的话，可以充耳不闻。对于输赢也有一个正确的态度。

14. 淡薄名利

真实人物

66岁的黄叔叔，在集邮的事业上取得了很大的成绩，早可以称为集邮家了。但是他对别人是否这样称呼他，看的很淡，每天自在逍遥地在邮市里与普通集邮者、摆摊的人交流。有人管他叫黄老，有人喊他黄老头，还有人直呼其名，他从不介意这些，总是从容面对，非常和谐愉快。可是，也喜欢集邮的赵叔叔就不一样了，有了一些成绩以后，自封为集邮家。与人家交谈集邮，动不动就以集邮家的口气驳斥不同意见的人。人家不买他的账，喊他老头，或者直呼其名时，就特别反感，多次与人家闹得脸红脖子粗，最后竟然气得心情郁闷无法排解，导致心理出现异常。变得不爱出门，对集邮也没有兴趣了。

良方妙处

人的一生中，最大的敌人就是“名”与“利”，很多人闯荡了一辈子，创下了宏图伟业，最终还是被“名”与“利”折磨死了。“名”与“利”是精神枷锁，是养生的大敌。必须认真克服，坚决淡化之。

最自然，也是最和谐的，最适合自己的。人在自然的状态下，心情会无比地放松，此时的人，与天地融合得最完美。如果把“名”与“利”夹杂进来以后，生活、追求、思想就会发生根本性的变化。现实生活中的“名”与“利”是个变数，随时发生着变化。今天追求到了，明天还会有更大的“名”与“利”在发出诱惑的信号。“名”与“利”无穷尽，直到令追逐之人筋疲力尽，吐血而亡，还不知道悲哀。其实，有些“名”与“利”，根本不适合自己，即便追求到了，又有什么

实际意义呢？

朴素的就是最真的。现在大家都讨厌伪造，都支持打假。实际生活中，一些“名”与“利”带有很多虚假的成分，明知道不真实，有水分，干吗还去拼命追呢？即便追到了，有什么快乐而言呢？累也好，痛苦也好，郁闷也好，都是自己造成的。其实，返璞归真才是最重要，最快乐的事。把头上的紧箍咒砸开，回到现实中来。快乐与幸福正在现实中等待着你呢。

抓住最本质的东西。人生最本质的东西，就是保护生命，提高生命质量。汉代医圣张仲景指出：“竟逐荣势，惟名利而图，损筋伤神，必早亡。舍本求末哉！”意思是：追求名利之人必然损伤人体内的正气，正气虚，外来的邪气就会乘虚而入，招致病重，甚至归天短命。这样的人舍弃了最宝贵的生命，贪图虚无缥缈的名利，是最愚蠢的。聪明的老年人一定要抓住本质的东西，要健康、快乐、幸福与长寿，毫不保留地把“名”与“利”抛入大海。

专家提示：过分追求名与利，不但不会使人快乐，相反会使人跌入深渊，摔得粉身碎骨。淡薄名利是通往幸福与快乐之路的快车，不要犹豫了，现在就上车吧。

15. 读书看报

真实人物

72岁的胡爷爷眼不花，耳不聋，明事理，快人快语，身心健康。经常有人向他请教各种疑难问题，什么如何养花了，吃什么对糖尿

病好，失眠怎么办，看不惯儿媳妇怎么办，讨论电视连续剧不符合历史事实了等等的话题，他在大家的心目中，简直就是大百科全书。邻居的大妈、大爷们，遇到家长里短的烦心事，也喜欢找他来评理。这是为什么呢？就是因为他坚持读书看报，光报纸就订阅了6种，杂志8种，每天一壶茶叶，坚持看报6个小时。

良方妙处

读书看报不仅是生活中必不可少的内容，更是老年人开阔眼界，增长见识，修身养性的最佳途径。读书看报可以知天下事，晓天下理，使自己头脑清醒，客观、平和地看待问题。

有选择地读。现在的书刊非常多，给老年人提供了非常好的选择机会。书刊的海洋广阔无边，即使你一生不停地阅读，恐怕也读不完，所以应有选择地读书、看报。可以把书、报分成几类，如新闻类的书、报、刊；健康类的书、报、刊；史学类的书、报、刊；生活类的书、报、刊；励志类的书、报、刊等等。读书、看报时不一定读得那么细，浏览与精读应相结合。

坚持长久。读书看报有益，但贵在坚持养成习惯。逐渐地把读书看报当成生活中的必不可少的一件大事。根据自己的身体情况，科学划分读报，看书的时间，最好保证3个小时以上。坚持下去，受益非浅。为了坚持持久，开始时可以建立考勤本，认真给自己“签到”，慢慢就养成习惯了。

注重内容的吸收与理解。无论读多少书，看多少报，最重要的不是看热闹，而是要真正地用心读进去。把有用的东西及时记录下来，也可以按照内容分成几类记忆。对于有益的知识，不但要读，而且要反复读，经常读，甚至还要写心得笔记。这样才能把书报中的精华吸收，变为自己的营养。

专家提示：读书看报，不能读死书，看死报，要结合实际，注重理解，科学吸收。真正有心地读书，在书中寻找知识，探询真理，畅游大自然。

16. 坚持日记

真实人物

62岁的周阿姨从来不发牢骚，对生活总是充满着信心。了解她的人都知道，这与她每天写日记是分不开的。退休后的12年中，她一直坚持写日记，把每天遇到的事情，各种感受，全部记录下来。每次写日记时，思绪万千，充满了美好的想象力。最主要的是把不愉快的事情，都以文字的形式吐露出去，感到如释重负一般的美妙。所以，在周阿姨的心里没有不愉快的事，也没有压抑聚积。心理十分健康。

良方妙处

生活中，老年人每天可能会遇到很多的烦心事，如何对待呢？有什么好的办法呢？如果你寻找不到的话，其实写日记就是最简单、实用的办法。

持之以恒。生活中的很多事情会逐渐地遗忘，对待遗忘最直接的办法就是写日记。日记，其实就是人生成长过程中的一个历史记录，对于回忆往事，有着极其重要的作用。老年人应该认真地对待写日记的问题，每天稍微花费一点时间，把看到的、听到的、想到的记录下来。可以是流水帐，也可以抒发自己的感情。无论什么形

式，都必须持之以恒。只有坚持下去，才能真正感悟到写日记的神奇效果。

重点写与泛泛地写结合起来。写日记时，应该抓住重点，把重大的事情，加以认真整理，对当时的人物、事件、经过、结果一一进行描述。也可以加入自己的看法及评论。特别重要的是，还可以加入一些辅助的材料、旁证及照片资料，以备以后查阅。对于普通的事件，不必要特别费心，可以泛泛地记录，但是应该把时间、地点、人物写清楚。

一定要尊重事实。无论是什么事，什么结果，自己愿意也好不愿意也好，在写日记时，都要尊重事实。不能无端地编造，张冠李戴。对于不愉快的事，让自己感到委屈的事，在尊重事实的前提下，可任意发表评论，谈自己的看法，甚至可以骂人，把不愉快的压抑之气，吐得干干净净。

专家提示：写日记，是老年人的开心果，是老年人的顺气汤，能让人自我排解心中的忧愁，净化心灵，提高思想道德水平。对身心健康十分有益。

17. 常回老家看看

真实人物

80岁的张奶奶，身体硬朗，每天走10多里地气不喘，心不慌，两眼明亮，没有脱落颗牙，头发也很好。很多人问她的养生之道是什么，她爽快地告诉人家：“常回老家看看”。原来，她的老家住在

郊区，离她居住的城里有20里地。她从20岁离开老家，一直生活在城市。年轻时上班、带孩子没有时间回老家，退休以后几乎每个星期回去一次。看看熟悉的人，熟悉的老房子，喜人的果树与庄稼，心情就会格外地好。

良方妙处

老年人都有怀旧感，这是天生带来的。当看到小时候的景象时，遇到发小时，心情会无比地开阔与舒畅，精神也会倍加振奋。所以，如果条件允许的话，可以常回老家看看。

解放思想，把回老家当成一种休闲。个别老年人对回老家存有疑虑，担心没有什么大的作为，没有什么风光的地方，没有给老家人做什么贡献，怕回老家遭人耻笑。把回老家当成负担了，有了精神压力。其实，根本就没有想象的那么严重，老家人勤劳善良，任何时候都欢迎游子回去。当你放松心态以后，把回老家当成一种休闲，当成一种快乐的事以后，就是另外一番景象了。休闲的心态是轻松的，是与自然结合的，在这种状态下，人的精神会高度放松，身心得到有益的营养补充。

把回老家当成一种锻炼的项目。老家一般都在广阔的农村，距离城市比较远。空气新鲜，有很多的山、水及古迹。如果身体条件允许，可以把回老家作为锻炼的一种方式。采取坐火车、骑自行车、步行相结合的方式进行，合理掌握运动量的大小。不要急着赶路，要经常驻足观察各种景色，亲身感受大自然的快乐。

触景生情，乐观人生。老年人回老家看看，有很多的好处。可以到以前的学校看看，回味一下儿时上课的情景；可以到自留地转转，亲手耕种一番，再次感悟劳作的艰辛与快乐；可以到老房子里住上一晚，在睡梦里回忆童年的快乐生活；可以到老邻居家坐坐，

痛快地与老人交谈，品味人生的意义。

专家提示：老年人常回老家看看，是一副健身的良药，其效能无以言表。持久地坚持下去，会使人精神饱满，充满无限的幸福。回老家的感觉真好，轻装上阵，现在就出门吧。

18. 童心常在

真实人物

63岁的张阿姨从教师岗位上退休后，开朗的性格一直没有改变。每天穿着新潮的衣服，与以前的学生、邻居、家长交谈、聊天，还义务当上了红娘，帮助年轻人牵线。高兴了就唱两嗓子，开心了就扭上一会。张阿姨思维敏捷，身体硬实，吃得香，睡得着，很多人觉得她的年龄也就是50岁。很多忧郁的中老年人非常羡慕她轻盈的步履，纯真的童心。

良方妙处

童心常在，其实就是告诉老年人要对新鲜事物感兴趣，不要有什么顾忌，更不能违背自己真实的想法去行动。说话不要瞻前顾后，行动不要束手束脚，大胆放开自己，自然面对生活。保持好奇心，有求知欲望，不断地激发自己的潜能。

敢问。一些老年人害怕别人笑话自己无知，遇到新鲜的事物，喜欢的热点话题，不敢开口问个究竟。使自己长期处于压抑状态之下，心情总是郁闷，影响了身心健康。其实，生活中的很多事情，

不存在放不下面子的问题，还是自己的心太重。学问就是要连学带问，遇到自己感兴趣的问题，赶快找明白人问，问得越详细越好，问的人越多越好。通过问问题，会大大改善人与人之间的关系，增加相互了解的机会，加深彼此间的友谊。

敢说。儿童没有烦恼，其根本原因是遇到难解的事以后，敢于开口说出来。儿童的可爱之处就在于敢说。多说话，对老年人的意义非同小可，可以让老年人的大脑细胞活跃，思维敏捷，精神振奋，促进新陈代谢的进行。敢说话，把心中的烦恼与不惑及时地宣泄出去，使心中豁亮，心情畅快，增进食欲，有利于睡眠。老年人应该放开自己的嘴，说出去了，也就快乐了。

敢动。儿童还有一个特点，就是敢动。有了想法，就要有具体的行动，才算完成了一个美好的心愿。老年人应该放下面子，放下固有的枷锁，打破“这不能干，那不能做，不成体统”的思维定势。想干什么，就干什么，在动中寻找快乐，力争达到人随心动的境界，增添幸福感。

专家提示：老年人不一定非要循规蹈矩，谨小慎微地做人，也不一定太在乎俗气、幼稚的行为方式，束手束脚，委曲求全地生活。要顺归自然，保持天真、好动之心不变。

19. 老有所为

真实人物

69岁的马叔叔原本是搞工程设计的，退休后被一家公司聘为顾

问。每天与公司的年轻人有说有笑，心情十分愉快。面对轻松的工作，收放自如，控制自如。看上去就像50岁的中年人一样健康。可是，与他一起退休的杨会计，当时也有人聘任他，但是他觉得干了一辈子了，不想那么辛苦。于是，把自己封闭在家里，生活模式化了。起床、早饭、看电视、吃午饭、睡觉、吃晚饭、看电视，慢慢地语言越来越少了，行动越来越迟缓了，脸上少有笑容，看上去很苍老。不同的生活方式，人的状态截然不同。

良方妙处

老年人工作了大半辈子了，原来都是工作单位的技术、业务骨干，积累了很多的宝贵的精神财富。如果能在退休后，再为社会做点贡献，发挥余热，不仅对社会有益，对自己的身心健康也有好处。聪明的老年人，可以在身体允许的前提下，继续有所作为。

大胆地走出去。老年人退休后，不要担心别人说你为了钱，连命都不要了等等风凉话。其实，很多老年人主动走出去发挥余热，并不是为了钱，其实是为了使生命活的更精彩，更有价值。60岁正是事业顶峰的时间段，过早地退下来，憋在家里，真的会把人憋坏。多数老年人不怕紧张的工作，就怕闲得没有事情干。寂寞难耐，最终使自己心态发生异常变化，草草而终，其结果十分凄惨。早早意识到这一结局，就要努力改变自己的思想，大胆地走出去，参加社会实践活动。

选择合适的方式进行。发挥余热的形式很多，应该根据自己的身体及精神情况进行选择，不要强迫自己的意愿。如果身体健康，又喜欢集体生活，可以到聘任自己的单位工作，与大家一起感受工作带来的快乐；如果身体健康状况不允许，可以通过写书立传的方式，把自己的工作经验，宝贵的独门绝技写出来，供后人参阅。这

样会让自己感到充实，觉得自己是有价值的。

担当教育“隔代人”的重任。有的老年人对教育子女很有办法，不妨在这方面有所作为。如果能力、精力有限，可以帮助儿女带孙子与孙女，一则帮助儿女解除后顾之忧，使他们安心工作；二则可以寻找童心，使自己活得开心；三则可以弥补很多当年在儿女身上没有实现的遗憾之事。如果能力与精力充裕，也可以开办一个社区学习辅导站，义务给社区的孩子们讲故事、讲革命传统，让众多的孩子们受到传统教育。

专家提示：老年人要有不服老的精神，要保持旺盛的斗志，要有社会责任感、使命感，适度地发挥出余热，生命的价值就会充分地体现出来。自己千万不要把自己看成是“废人”，更不能认为自己是“累赘之人”。其实，老年人是人类最大的宝贵财富，是最受尊敬的人。

20. 与时俱进

真实人物

许叔叔比张叔叔年龄大9岁，可是在精神面貌上，张叔叔看着却比许叔叔大9岁。为什么呢？主要是许叔叔的性格开朗，与时俱进，对新鲜的事物不仅看得习惯，用得也习惯，从不发牢骚。而张叔叔就不一样了，每天郁愤难平，对新事物看不习惯，也根本不使用，每天至少还要骂上几句。无形中，总是感到沉闷压抑，度日如年，所以衰老得快。

良方妙处

现在是电子信息时代，一日千里的发展速度，令人眼花缭乱。大环境下，世界一体化的进程加快，新鲜的事物层出不穷。要放眼世界，与现代生活的步伐合拍，你才能感到越来越精彩，越来越有意思，才会更觉得生命的珍贵。

放开自己，解放思想。墨守成规的人是不会有幸福感的，使自己快乐、逍遥自在，一定要开放自己的眼界，解放固有的守旧思想。多读、多看、多听、多亲身实践，要把自己融入世界的环境中。要有“人在家中坐，胸怀五大洲”的豪气，从海湾战争、东南亚海啸、探测火星、世界奇观，到沙尘暴、地震、龙卷风、矿井事故、电脑网络、手机、数字电视，以及柴、米、油、盐、电价、水价，都要关心，这样人的大脑就活跃，思维也越来越敏锐，看问题也就全面系统了。关心不等于烦心，烦心就消极了，就会使情绪受到干扰。

要主动接纳高科技产品，享受高科技产品带来的便捷。现在生活中已经融进了很多的高科技，电脑、微波炉、电视机、冰箱、空调、摄像机、手机等等。经常去医院看病的老年人，检查用的CT、B超、核磁仪、各种化验、吃的新药等等，都与高科技分不开。其实，高科技与我们的生活密不可分，不接受也得接受。既然我们已经离不开高科技了，何不主动接受它们，并且以积极的态度享受它，提高生活质量。

人的追求各不相同，萝卜青菜各有所爱。大千世界，正是因为人与人不一样，才构成了五彩缤纷的世界。有人喜欢前卫，要从美学的角度欣赏；有人生活方式与众不同，品位高，可以从进步与文明的角度看待；有人提前消费意识强，要从科学理财角度看待；有的老年人喜欢跳舞，就要从健身的角度看待。无论看到什么新鲜事物，都应该以容忍、接纳的态度对待，万不可因为自己待在“井底”

里，就看不习惯别人。

专家提示：与时俱进是时代的要求，是健康的要求，更是提高生活质量的要求。现代的老年人，应该以自己能生活在五彩缤纷的世界里感到幸福，不要再无端地怨恨了，外面的世界是多么的精彩啊。

五、我要心理快乐！有“自助餐”吃吗？

1.倾诉法

广泛意义

许多老年人觉得烦透了，事事不顺心，度日如年，没有任何的快乐感，到处向别人打听如何打开快乐之门，使自己快乐起来。其实打开快乐之门的钥匙就在你的手中。这个钥匙就是“倾诉”。心理学家认为，倾诉可以使内心的烦恼顷刻间消失的无影无踪，积极健康的倾诉是使人开心的催化剂，足以使人心情舒畅起来。

常用方法

一是自己对自己倾诉。老年人遇到不顺心的事以后，千万不要闭口不语，更不要出现“郁闷叠加”的恶性循环，这样下去会导致严重的后果。要学会倾诉，如果一时不知道向谁倾诉的话，可以对自己倾诉。找一个僻静的地方，深呼吸数十次后，放开声音，把烦恼之事大声地、痛痛快快地说出来，不要有所保留，可以痛骂，可以声嘶力竭地喊叫，可以轻声地自言自语，总之要把话说尽，把烦恼全部说干净。说一遍、骂一遍不解气，就说两遍、三遍，直至觉得舒心为止。

二是对拟定的模拟对象倾诉。如果觉得效果不好，可以把愤恨的对象模拟成一棵树，一块石头，一个土堆等等，然后向其慷慨陈词，把心中的怒火全部抛向拟定的目标，直到确实感到心中敞亮了为止。

三是向值得信赖的人倾诉。如果身边有自己信赖的人，不妨主动向其倾诉，把烦恼说给他听，说得越详细、越全面越好，不要碍于面子，避重就轻，这样就失去了倾诉的意义。当然了，在倾诉过

程中，要注意倾听被倾诉人的意见，真诚地接受他人的建议，努力使自己放松，把问题看得淡一些。

四是与心理专家倾诉。当感到问题严重时，应该大胆地找心理专家倾诉，把问题与烦恼说出来，让心理专家帮助你梳理问题，并得到信心支持，最终自己战胜自己。

快乐法宝： 倾诉是获得快乐最好的自助餐，大胆地去获取吧，获取的越多，你得到的快乐越彻底。现在就去“快乐餐厅“行动吧，千万不要再等到明天了！

2. 音乐法

广泛意义

音乐是获得快乐最好的套餐，健康、轻松、自然的音乐，可以使人心情舒畅，平和安逸，陶醉于美妙的自然之中。心理实验证实，动听的、激情四溢的音乐，通过耳朵进入大脑里。对神经系统有一个良好的刺激。并对人的心血管系统、消化系统和内分泌系统产生一定的积极影响，促使体内分泌出一种化学物质，有利于新陈代谢的进行，使人精神饱满，心态平衡。此外，抒情的音乐，对于镇静、安定、降压、调节情绪的特殊作用，是其它方法无法比拟的。现在心理治疗上，把音乐疗法作为重点，广泛加以运用。

常用方法

听喜爱的音乐。日常生活中，大脑对已经习惯的一种音乐有了

自然的条件反射，是一种自然生成的安定剂，奇妙无比。当遇到烦恼以后，不能马上想通时，就不要再去想了，因为越想越感到郁闷，心情越糟糕，倒不如换换脑子，去听自己喜欢的音乐。泡上一杯茶水，打开音响，醉心于音乐之中。最好选择一个安静的地方，在空气通畅的环境里，随着音乐的响起，信号刺激大脑，逐渐进入状态，滋润心理营养的物质迅速产生，让人感到舒畅，心旷神怡。

养成听音乐的习惯。祖国传统中医认为“耳入音，乐在心，血脉涌，五脏安，心和气调也！”老年人每天都应该坚持听30分钟的音乐，以激情奋进的，抒情的乐曲为主。听音乐前，要设法使自己安静下来，最好微闭双眼，均匀呼吸，充分发挥想象。把音乐的高低起伏，幻想为高山、流水、风、雨、云、雪、花、水中的鱼、花丛中飞动的蝴蝶等等。

融入音乐之中。听音乐的过程，其实就是治疗疾病的过程。在倾注精力听音乐的过程中，如果自己也顺其自然，情不自禁地与之同韵，犹如吃了养生安神的灵丹妙药，可以使人的心性趋与自然，达到遇事不惊，处事不急，久之必受益良多。

快乐法宝：音乐是人的天性，是达到天人合一境界的“彩虹桥”，是获得快乐的无价之宝。

3. 回归大自然理疗法

广泛意义

人是自然的人，只有融入到大自然之中，才能感悟到生命的真

谛。大自然中的万物皆有灵性。风、雨、雪、霜、雾、云、雷电、彩虹、日月星辰、奇特景观、鲜花、野草、树木、昆虫、动物、鱼类、建筑、艺术等等，给人以无限的遐想。大自然奥妙神奇，生机昂然，充满了挑战。无尽的快乐等着你去寻找，无尽的幸福等着你去体味，无尽的惊喜等着你去探寻。国外有家自然快乐俱乐部协会，会员全部是60岁以上的人。他们的信条是：人是大自然中的一分子，只有敢于融入大自然里，才能与大自然结为一体。为了与自然结为一体，他们勇敢地走出了别墅、公寓，远离了喧嚣，头顶阳光，以风为伴，随心所欲，徒步走在乡间的田野里，山川与峡谷之中，细腻的海滩上，花丛中。日久天长，大自然给予他们以丰厚的回报——积极的心态，灵活的四肢，红润的皮肤，坚定的意志，自然的微笑，坦荡的胸怀，大无畏的精神。

常用方法

独步休闲。当你觉得天天被“禁闭”在设有防盗门的房间里，没有一丝一毫的快乐感，看什么烦恼什么时，就要坚决地“砸”开防盗们，勇敢地走出去了。不要犹豫了，不能再自残生命了。开始，应该根据自己的身体情况，在距离较近的地域活动，或漫步花园里，或穿行于山涧小溪旁，或孩儿般地追逐蝴蝶与蜻蜓，或逗蛐蛐，要鹦鹉，或在阳光的照射下仰目蓝天、白云，或欣赏美丽的山，或躺或卧在绿草丛中，或与风共舞，或细雨中漫步，无拘无束，达到忘我的状态，身心会极度的舒畅，烦恼也就随之而去。

集体畅游。如果能约上几个老伙伴，更能增加情趣。大家经常聚集在一起，研究路线、行程及目标点，寻找共同的爱好，适时交流心得体会。畅游前，各自按照分工，准备好出行的物资，可以当日结束，也可以进行数日，在广阔的天地间，呼吸着新鲜空气，喝

着纯清的井水，吃着没有污染的农家蔬菜及野菜，睡在农家的火炕上，有说有笑，不亦乐乎。

快乐法宝：大自然是公平的，它把快乐与幸福永远无私地给予亲近大自然的人。赶快去拥抱大自然吧，快乐就在你的脚下。

4. 回忆理疗法

广泛意义

人的记忆力是奇特的，记忆容量大得惊人，特别是对过去印象深刻的事，几乎至死都忘不掉。当遇到心烦的事，感到压抑难耐时，可以采用此法，以达到自我调试，自我解脱之目的。

常用方法

直接回忆法。坐下来，微闭双眼，慢慢回忆最快乐的几件往事。发生的具体时间，地点与人物，当时的情景是什么样子的，什么人在场，说了什么可笑的话，做了什么可笑的动作，谁出了洋相，吃了什么好吃的，每个人穿了什么款式的衣服，愉快的事情持续了多长时间等等。如果是自然环境的事，就要回忆当时看到了什么，什么印象最深刻等等。而后，将人物、事件在脑子里一一浮现出来，也可以随之笑、动，自然地使自己进入状态。很快就会达到放松的目的，使郁闷的心情开朗起来。回忆进入高潮时，可以自言自语，或模仿当时的动作，可以使用简单的道具，越投入，就越有利于心情的释放。

辅助回忆法。心情烦躁时，最好喝上一杯清茶，然后把记录以前最快乐的几件事的照片、磁带、录像资料拿出来，仔细过目。对快乐照片中的人物进行回忆，尽可能地把人物浮现出来，仿佛当时的情景再现一样。脑子的每个人物都应该是栩栩如生的，挨个从照片、录像里走出来，与你交谈，给人以无限的遐想。可以仔细回忆每个令你快乐的细节，如人物的长相，眼睛大小，头发长短，体型身材，讲话的姿态，喝酒的状态，抽烟的姿势等等。在回忆自然景观时，可以把大海的波浪、风、雨、雷电的声音等再现出来，脑子里像过电影一样，把美丽的自然风景一段一段地演出来，让自己置身其中。想象自己奔跑在草原上，酣畅淋漓，或骑着马驰骋，潇洒至极，或躺在花丛中，感受着阳光，或追逐蝴蝶、蜻蜓，自由自在，或在小溪里抓蝌蚪，捞鱼虾等等。

快乐法宝：记忆是永恒的，是大公无私的，对每个人都一样。聪明的人想方设法留住快乐，会努力把记忆的功效发挥得如此之完美。要善于从“取之不尽，用之不竭”的记忆里，获得快乐，获得幸福。做个真正的“心情”驾驭者。

5. 劳动法

广泛意义

劳动是人类区别其它动物最根本的特征，劳动使人聪明，劳动使人与自然接触，劳动使人感悟集体的温暖与力量，劳动使人快乐，劳动使人获得成就感。哲人说的好，劳动是人类最基本的活动，是

获得幸福的直接的方式。痛苦时，烦躁时，郁闷时，最好的良药就是去劳动，出一身热汗，喝一口清凉的矿泉水，一切都变得快乐了。

常用方法

常去田园里劳作。大多数的老年人在农村生活过，或者有农村生活的经历。退休后，可以回老家，或者到附近的郊区，选择一块面积合适的田地，或者荒地，带上锄头、铁锹，春播秋收。给田地扎个篱笆墙，种些豆角、丝瓜、玉米、西红柿、辣椒、小白菜、玉米、小葱、水萝卜等等，每天戴着草帽，顶着太阳，呼吸着乡间泥土的空气，走在乡间小路，给庄稼、蔬菜除草、浇水、施肥，赏阅着绿油油的劳动成果，心中会极其舒畅，烦恼会被抛到九霄云外。真是悠哉悠哉呀！

常去荒山搞绿化。如果没有条件耕田，可以选择随机的方式，主动寻找积极健康，而且有意义的劳动。现在国家提倡绿化，郊区及城市周边有很多的荒山，在身体条件许可的情况下，可以积极地加入志愿绿化者的行列。每天，带上树苗，铁锹，水桶，干粮，到预定的荒山去种树、浇水，用辛勤的汗水换来荒山的秀美，换来人们的赞誉之声，给后人留下一片绿荫，唤醒人们绿化的意识。当你亲眼看着树苗一天一天地长大，你的心情会特别的爽快，早就不知道烦恼是什么了。

做一个快乐的环保者。社会都在提倡环境保护，人人都有责任为环保做贡献。老年人时间充裕，可以在小区周围、街心花园等施环保行动。带上保护用具，寻找、收集人们遗弃的旧电池、塑料瓶子、塑料袋子等等。用行动感染身边的人，用汗水换来小区的清洁，换来人们的舒适。那时，你肯定觉得自己是最快乐的人。

快乐法宝：生命是有限的，但是通过积极的劳动，给社会的贡献及对后人的影响是无限的。要在劳动中寻求自我价值，要让烦恼在劳动时，随着汗水流出身体，血液中就全是快乐的基因了。

6. 桑拿法

广泛意义

当您感到心烦意乱之时，对什么都没有兴趣了，可以采用桑拿法。它对稳定情绪，恢复心态十分有益。桑拿可以使人血液流畅，精神振奋，情绪舒展。可以唤起人的激情，令人心旷神怡，自然和谐。桑拿是对人意志的磨练，也是平和心态最佳良药。

常用方法

到桑拿浴馆。现在大街上到处可见桑拿浴馆，有些老年人对桑拿浴馆有偏见，不愿意进去蒸。其实，桑拿真的很有益处，只要身体没有大碍，按照桑拿安全的要求，保持适当的温度，控制好时间，在木屋里，看着原始的木桶，以古老的加热方式增加水蒸汽，在柔和的光线中，感到阵阵热浪扑面而至，汗孔慢慢张开，汗液徐徐地冒出，如同细雨似得往下流。赤裸着身体，如原始人一般天人合一的境界，会使你极度舒畅，没有任何的幻想与烦恼，心灵得到原始的净化。

到阳光下沙滩里。如果附近没有桑拿浴馆，可以采取简易的办法。夏天到阳光下的沙滩里，进行沙浴桑拿，注意不要中暑。沙浴桑拿很简单，选择阳光充足的天气，找一片干净的沙滩，把自己的

身体埋在沙子里，身体平躺，仰视天空，微闭双眼，调节呼吸到均匀为止。在温暖的沙子里，使身体感到舒适，让汗液逐渐渗出，真正体味天地人为一的妙处。此时，人的精神高度放松，会出现一种飘然的感觉，飘然的感觉越长久，对心理健康越有利。

简易桑拿。如果行动不方便，可以在家进行简易桑拿。在家庭浴室里，找一个木躺椅子，躺稳当。以温水洗淋浴，浑身舒畅后，把打开盖子的电加热壶放入浴室里，一直加热下去，使蒸汽不断冒出。自己控制温度，感到浑身血液流淌，汗液不断渗出为合适。如果在自家的浴室墙壁上，也布置一些原始的竹子、木板、玉米秸，效果如同桑拿浴室里一样。此方法，不受时间、环境、气候约束，特别适合行动不便的老年人。

快乐法宝：原始的东西可以使人忘掉现在的烦恼，出汗可以帮助人排除精神毒素。当精神毒素侵入你的大脑以后，要立刻回归到原始的木屋里，让血液尽情流淌起来，把毒素排得一干二净。

7. 集体温暖法

广泛意义

一滴水，如果不融入大海，会很快蒸发掉；只有融入到大海之中，才能使之发挥出应有的作用。当你感到一个人孤独无助时，千万不要把自己憋屈在家里生闷气，不要怨天尤人，要勇敢地走出去，参加各种形式的集体活动，设法让心随着集体的脉博跳动。心理学认为，集体的温暖，可以把冰冷的心熔化；使心灰意冷的心，

重新振奋；使丧失生活勇气的人，从容面对人生。赶快走出去，快乐就在门外，就在人群之中。

常用方法

加入老年秧歌队。现在，很多街道里的老年人自发的组织了秧歌队，大家你敲着锣，我打着鼓，敲敲打打，好不热闹。你扭一段，我扭一段，你哼一曲，我唱一声。欢快的队伍，让人回到了年轻时代，忘记了烦恼，自在逍遥。由于扭秧歌，身体活动量大，血液循环加速，腿脚麻利了，消化也好了，睡眠也好了，真是一举多得呢。

加入老年合唱队。参加合唱队，自己的声音与大家共鸣，可以使人感悟到生命的价值，激发出生命的原动力。合唱时，随着变换的发音，音调高低的起伏，可以使人的肺活量增加，新陈代谢加快，神采奕奕，忘掉一切杂念，使心情豁然开朗。在合唱队里，大家都是兄弟姐妹，互相帮助，开心交流，任何烦恼都会随着欢快的话语烟消云散。

加入老年健身队。清晨，在街道的绿地，广场上，公园里，到处可以见到练剑的、打太极拳的、做广播体操的人群。老人们穿着运动服装，聚集在一起切磋技艺，互相鼓励，谈天说地，真的很快乐。以前，无论你是什么高贵的人物，现在一定要使自己平民化，让自己的心态平和起来，与大家共舞。这样自己的心就有了新的寄托点。少了烦恼，少了忧愁，少了压抑，真正让自己轻松起来。

加入老年登山队。登山可以使人变的坚毅，勇敢与自信，老年人需要的就是坚毅，勇敢与自信。马上加入老年登山队，每天相约在一起，爬山赏景，行进在山川峡谷中，汗流浃背，以苦寻乐。在登山队集体的约束下，懒惰没有了，畏难情绪没有了，孤独感没有了，也不知道什么是忧愁与烦恼了。

快乐法宝：鱼儿离不开水，瓜儿离不开秧，快乐的老年人离不开集体。集体的力量是无穷的，可以改变一个人，可以让人的世界观发生根本的变化，让人快乐无穷。

8. 自寻其乐法

广泛意义

其实，当人把什么事情都看开以后，就会觉得以前的累、烦恼、困惑及郁闷，都是由于脑子里禁锢的东西太多造成的。办事之前，担心言行不雅、礼节不周，害怕别人说东道西，担心伤害了这个，得罪了那个，心理压力来自自身对外界的感觉。到了一定的年龄，一旦看明白了，就会发现以前一切的担心都是多余的。早一天放下，早一天得到快乐。快乐的根本就是顺从本心。

常用方法

随兴趣而动。兴趣是人行动的内在动力，为了自己兴趣而为的人，往往会乐此不疲，义无反顾。老年人就要有这股子劲，只要是自己感兴趣的，在不伤害他人利益的前提下，一定要坚持做，而且不要求做得多尽善尽美，但是要重视过程，在过程中充实自己，感悟快乐。兴趣是保持心情舒畅的法宝。

随欲望而行。通常情况下，老年人的欲望比较少了，一旦对什么有了欲望，在适度的前提下，就要去实践。有养鸟的欲望，就养一只；有唱一曲的欲望，就唱一曲；有喝一口的欲望，就喝一口；有旅游的欲望，就去旅游；有回故土看看的欲望，就回故土看看等

等。不要认为自己是痴人说梦，其实很多欲望通过努力是能够实现的。只有实现了欲望，心境才能平和下来。

随童心而去。老年人要有适度的童心，不要太顾及周围人对你行为的评价。经常想想童年时代的自己，玩什么、吃什么、干什么，乐什么等等。现在如果有了童年的梦，就可以把梦变为现实。想捉蛐蛐，就捉几个斗架；想捞蝌蚪了，就到河边捞几个养着；想吹牛了，就约几个老友吹吹牛皮；想玩玩小把戏了，就露两手等等。

快乐法宝：人世间，充满了乐与苦，有的人睁着眼睛却看不见乐，看到的全是苦；有的人闭着眼睛却感受到了乐，而且是一个接一个的乐。不要怨恨上天不公平，其实上天赐予每个人的苦与乐都是一样的。就看自己怎么感悟了。

下篇

心理访谈实录

抑郁心理

1. 搬家搬出烦恼

要快乐吗？只需要把心里的石头彻底搬开，赶快行动吧！

事出有因

69岁的赵大妈打小就住在老城区的大杂院里，邻里关系特别融洽，谁家有个大事小情的她都热心帮忙。最近，政府改善居民居住条件的“阳光工程”开始了，给他们这片居民带来了阳光。大家陆续开始了搬迁，眼看着老街坊们越来越少，她的心情也开始低落了。有的邻居来与她告别，她总是眼泪流个不停，难受地的话也说不出来，最后几乎不出门了，人没有了往日的精神气，面无表情，几乎变了一个人。以前早上从不贪床的她，现在变得特别懒惰，不爱起床了，一睡就是9、10点钟，对老伴、儿子、孙子也不怎么关注了。全家人以为她盼着搬进新居住呢，可是等轮到自己家开始搬家后，家人看着宽敞明亮的房子，高兴得合不拢嘴，惟独赵大妈自己时常在新居里唉声叹气，还经常自言自语说“活着没有任何意思”之类的话，变得不愿与人交流，行动也显得缓慢。全家人看到她搬家后状况不见好转，相反还更加严重了，觉得问题蹊跷，赶忙请心理专家来帮忙。

快乐交谈

心理专家：您能谈谈您最近为什么不开心吗？

赵大妈：总感到心里沉甸甸的，好像压了几块砖头，没有了魂儿似的。

心理专家：能具体描述一下沉甸甸的砖头是什么吗？

赵大妈：觉得熟悉的人都分离了，熟悉的环境也没有了，没有了从前锻炼的小公园、一起扭秧歌的老姐妹们、栽种的花草。街坊们都离的比较远，说不定到死也见不到面了啊！嗨，以前的日子多快乐呀。

心理专家：您是非常热爱生活，注重感情的老人。

赵大妈：是呀，我以前在院子里养了好多的花，还种石榴树、香椿树，谁家有事都愿意找我帮忙……

心理专家：看得出您是热心肠的人，爱花草，是给人带去快乐的慈祥老人。

赵大妈：对呀，我总是把快乐带给人家。

心理专家：您是把快乐带给人家的人，可是现在您仔细想一想是不是把快乐带给家人了呢？

赵大妈：对呀，我现在怎么会这样啊？

心理专家：人与人之间的交往宛如一面镜子，你快乐的心情，会把快乐感染给与你接触的人；你忧郁的心情，会把忧郁传染给与你接触的人，让大家与你一样不开心。如果你因为搬家，换了新环境，担心见不到老街坊就不愉快，心情沉重，那么大家就会跟着你心情沉重起来。你的孩子因为你的郁闷，心情也不会好，会影响他的工作与家庭幸福；您的老伴身体不好，因为您的郁闷，心情同样也会糟糕起来，对身心健康很不利；您的孙子会因为您的不快乐，为您的身体健康着急，情绪也会出现波动，影响到学习；您惦记的老街坊，因为您的不快乐而为您着急，一系列的问题是不是违背了良好的初衷呢？

赵大妈：怎么？原来我一个人不高兴，会影响这么多人的情绪与心情啊！我怎么这么糊涂啊。

心理专家：其实，人的生活本来就在不断地变化着，您家的日子越来越好，搬了新居，改善了居住条件，高兴还来不及呢，哪还有功夫生气啊。新的生活对人是一个新的刺激，新的环境需要积极地去适应，要把心里的砖头彻底搬开，快乐才会找上门来。您快乐了，身边的亲人也就快乐了，老街坊们也就快乐了。不要再犹豫了，赶快调整自己的生活，享受新的幸福生活吧。

赵大妈：可是心里的“砖头”那么多，怎么才能搬走啊？

心理专家：一块一块地“搬”，坚持“搬”下去，就会轻松了。现在电话方便了，想街坊了可以打电话问候，听听对方的声音，心情就舒畅了；现在的交通发达了，让孩子开车，或者打车去找老街坊，亲自看望他们，小聚几次，重温旧事；主动出门，到新的小区里寻找锻炼身体的好地方，现在的小区规划非常好，街心花园也多，绿化也好，还发愁没有锻炼的地方啊；现在家庭DV很流行，可以让孩子把老街坊的生活资料录制下来，想他们时看看录像，

不就等于天天见面了吗；没有院子养花了，可以养一些适合室内养的花卉；没有秧歌扭了，问问新小区里有没有自发的秧歌队，如果有就参加，没有的话您可以带头建立一个新秧歌队，不也很好吗？只要积极的面对生活，不等不靠，乐趣自然就来了。

赵大妈：听了你的话，我感到找到了快乐的钥匙，知道怎么“搬砖头”了，现在我就开始“搬”，干我喜欢干的事去了。

感悟人生：快乐是自己创造的，不是别人施舍的；快乐是生活中通过自己的努力用心来感悟到的，而不是被动与消极等待等出来的。现实生活中，一些老年人对往事非常怀念，十分珍惜老感情，对老人、老环境、老物件往往会看的比自己生命还重要，这本身没有错误，但要把握一个度数。如果因为怀念而影响了自己的心情，让周围的人也与你的心情一样糟糕，就应该及时反省自己的行为了。记住：千万不要因为自己的情绪变坏，而把周围的人搞的心情糟糕透顶。

2. 少言寡语的背后

只有放的下，才能感悟人生的幸福，大胆放下吧！

事出有因

马爷爷今年73岁，只有一个孙子，孙子结婚两年了，可就是不着急要孩子。马爷爷心里十分着急，几次暗示孙子赶快要孩子，自己特别希望能看到重孙子出世。在外企工作的孙子却不以为然，很干脆地说：“现在工作压力大，经济基础差，没有房子，条件不成熟，等过几年有了精力，条件具备了以后再要，不着急呢。”马爷爷见孙子不理解他的心意，感到心灰意冷，慢慢地再也没有笑脸了。

清明节这天，马爷爷一大早就来到一个僻静的十字路口烧纸，嘴里念着：“老祖宗呀，老伴呀，对不起了……”回家以后，每天他就不爱出房间了，看上去心事重重，进进出出也总是低着头，见到人基本上也不怎么说话，食欲

也不如以前好了，经常摇头，唉声叹气，电视也不想看，报纸也不读，连以前喜欢的花草也不怎么管理了。家人以为他思念去世多年的老伴了，导致心情不好，觉得过几天就会好的。可是三个月过去了，马爷爷天天这样，而且越发地严重了，眼神显僵直，每天几乎不说一句话。情急之下，家人把心理专家请进了家。

快乐交谈

心理专家：老爷子，听说您是养花高手，能给我讲讲养花的经验吗？

马爷爷：没有兴趣讲，我现在对养花没有兴趣了。

心理专家：我是慕名来取经的，您心地善良，左邻右舍都知道您爱花如命，怎么会对花没有兴趣了呢？

马爷爷：嗨！一言难尽呀。都是因为孙子不要孩子的事呗。我没有脸面见人了。

心理专家：孙子现在不要孩子，您怎么就没有脸见人了呢？这是风马牛不相及的事。孙子在干正当的事业，没有干违法乱纪的事情；您们一家人都是善良之人，您为社会做了一辈子的事，应该堂堂正正地见人才是呀。您的孙子不要孩子，邻居、亲戚没有谁会笑话的，更没有谁会认为您孙子犯了错误，现在年轻人对待婚姻与生育有自己的思想，他们有文化、有知识，会安排好自己的事情的。

马爷爷：话是这么说，礼是这个礼，可是我觉得孙子太不孝顺了。老话说：“不孝有三，无后为大。”我的身体不好，有今天没有明天了，看不到马家香火的延续，实在让我心中郁闷呀！

心理专家：其实，您这是受了封建思想的迷惑，您刚才说看不到马家香火的延续了，仔细想想，您的孙子并没有说不要孩子了，只是说以后条件好了再要。其实，孝顺的含义非常广，有的老人希望孩子能为国家做出贡献，认为这就是最孝顺。前不久，一位刚刚结婚不久的公安战士，在保护人民的生命财产时不幸牺牲。虽然英雄没有留下后代，但英雄的父亲却说：“孩子，我为有你这样的勇敢的儿子感到自豪，你是最大孝子，我知足了。”我要澄清一个问题，孩子不是我们每个家庭的私人财产，也不是为了延续某某家的香火而出世的，要懂得人类繁衍的本质。

马爷爷：你说的话我听进去了，但我还是感到孙子是故意与我作对，总以条件不具备来搪塞我这老头子。

心理专家：您要多了解现代年轻人的特点，多了解现代的社会。现代的年轻人，工作压力、生活压力与学习压力真的不小，他们有追求，有个性，竞争也很激烈，如果早早地把精力放在生儿育女上，可能就会失去很多发展的机会。有句老话说的好："男儿志在四方，先立业，后成家。"您的孙子是个有追求的人，知道先立业的道理，打实生活的基础，不给长辈添负担，这也是一种孝顺啊，您应该为他高兴。如果遇上孙子没有追求，就知道吃、喝、玩、乐，您会是什么心情啊？即便是真的生了孩子，延续了香火，不尽父亲的义务，全部的负担都推给家人，您能高兴的起来吗？说句不中听的话，还不够添堵的呢！

马爷爷：我现在已经想明白了，可是我的心里总觉得有什么放不下呀！

心理专家：这是您的心理作用，现在您应该多想想怎样为自己生活了，怎样使自己的生活丰富多彩起来，怎样让自己快乐起来啊。要大胆地把孩子们的事情放下，把自己力所不及的事情放下，使自己轻松起来。要明白一个道理，您现在身体好，精神好，每天快乐，有自己的生活方式与规律，就是对孩子们最大的支持。生活中放不下的事情越多，您的心情就会越沉重，沉重的东西积淀的多了，就会影响您的身体健康了，那时不仅您快乐不起来，全家人也会因您而沉重起来了。这个浅显的道理，我想您应该是知道的吧。

马爷爷：嗨！知道是不假，可是我都快入土了，哪里还有自己的幸福生活呀？

心理专家：您今年才73岁，离入土还早着呢！现在的生活水平提高了，人的寿命延长了，只要调养得好，可以活到100多岁呢。您要根据自己的情况，制定出晚年幸福生活计划。计划分五大块，第一块是锻炼安排；第二块是娱乐及爱好安排；第三块是饮食与起居的安排；第四块是学习安排；第五块是亲友交往安排，安排的越符合实际，越有利于自己的身心健康，越能体验生活的快乐，享受生活的快乐。其实呀，快乐不是别人施舍给您的，而是自己追求到的，自己追求到的快乐，才是发自内心的快乐。快乐就在眼前，获得快乐很简单，就是马上放下心里的包袱，幸福感就会显现出来。

马爷爷：看来我真的要学会放下了，重新寻找属于自己的快乐，感受幸

福去了。

感悟人生：幸福生活就在眼前，只是你怎么感受罢了。对生活充满信心的人，把自己融入到大自然里的人，总能感悟到自己被幸福包围着；相反，总是放不下的人，总是想着一些力所不及的事情的人，就会感到被烦恼包围着。有些老年人，对延续香火的问题很敏感，头脑里还存有一些封建思想，有时还会做出一些十分荒谬的事情来，甚至会严重影响自己的身心健康，社会和家庭要给予足够的重视。老年人要提高认识和修养，开阔眼界，与时俱进，安排好自己的晚年生活。敢于并善于放下，心静如水，坦然面对各种事情，不要太在意“香火”的问题。记住：幸福喜欢放的下的人，放下的东西越多，越彻底、越干净，幸福感越强烈。

离家出走心理

3. 老伴意外去世

死亡谁都不能回避，其实活着的人也是在死亡的路途之中啊！

事出有因

69岁的洪阿姨与老伴恩恩爱爱生活了50年，老俩口相敬如宾，学习上互相鼓励与支持，生活上互相照顾，生活得特别甜蜜。老伴对待洪阿姨的态度，可以用四个字来形容：无微不至。然而不幸的事情突然发生了，一天早上，老伴到外面散步，被违章行驶的汽车撞死了。突然的精神打击，使洪阿姨的心情十分沉重，她把自己关在房子里几天不吃不喝，孩子们很孝顺，轮流看护着她，生怕她有一点闪失。

一天下午，洪阿姨趁女儿上卫生间的功夫走出了家门，到了晚上也没有

回来，孩子们着急了，四下寻找，可能去的亲戚、邻居、同事家全问遍了，就是没有找到。整整找了两天两夜，才在通往老伴墓地的附近一座桥洞下面找到了洪阿姨。此时的洪阿姨已经是奄奄一息了，家人赶快把她送进医院抢救，终于从死亡线上把她拉了回来。出院后，家人不放心，担心她再次离家出走，就把心理专家请进了家，希望洪阿姨从悲伤中尽快走出来。

快乐交谈

心理专家：看的出您是很重感情的人啊，值得现代年轻人学习。

洪阿姨：是啊，我对我老伴的感情实在太深了，我老伴对我可好了，经常给我讲趣闻轶事，希望我每天快乐；鼓励并带着我到公园锻炼，希望我身体健康；变着花样给我做饭，让我吃出健康。现在，老伴突然离我而去，我真的接受不了。

心理专家：您的老伴真是太好了，50年的婚姻中，他给了您很多的爱，给了很多的快乐，真诚地呵护您，这是一个女人的幸福啊。老伴突然离您而去，的确令人悲伤，感情上一时接受不了也是正常的，这也说明您是有情有义之人，同样令人尊重。既然以前您老伴希望您每天快乐，身体健康，您现在应该快乐起来，保持身体健康，才符合老伴的真实心意呀！如果您现在不吃不喝，每天沉浸在悲痛之中，身体逐渐衰退下去，真的病倒了，才是对已故的老伴不尊重。

洪阿姨：啊？这一点真是我没有想到的。觉得在家里待着就是受罪，再也没有欢乐了，冥冥之中觉得老伴在想我，希望我到墓碑前去陪伴他呢。

心理专家：其实，人获得快乐的地方多着呢，怎么能说再也没有快乐了呢？老伴可以给您带来快乐，孩子也可以带给您快乐，生活中自己可以寻找快乐。既然老伴生前希望你健康、快乐，您就应该继续实现他的遗愿，把自己的身体保养得更加健康，每天主动寻找快乐。您冥冥之中感到老伴想您，希望您到墓碑前陪伴他，这也不是奇怪的事，说明你们的感情无比深厚，是您的思念之心急切造成的心理反应。去墓地祭奠老伴并不需要偷偷摸摸地去，应光明正大地去，自己行动不方便，可以向孩子们提出来，让孩子开车送您去，也可以由孩子陪护着您去，把该说的话，生前老伴爱吃的东西拿到墓碑前，献上一束花，完全是正当的行为。这样您的安全有了保障，孩子们也放

心了，假如老伴真的在天有知的话，也会放心的。

洪阿姨：我担心孩子们不同意我去祭奠，再说我也不想给孩子们找麻烦。

心理专家：您的担心是多余的，孩子们也思念父亲，其思念程度应该说不低于您多少。您没有与孩子们交换意见，怎么知道孩子们不同意呢。您说不想给孩子们添麻烦，出发点是好的，可是您的实际行为已经给孩子添了很大麻烦了。您不与孩子们商量，自己就去了50里地以外的郊区墓地，孩子们多么着急啊，他们个个心急如焚，几天没有上班，想尽了所有的办法来找您，生怕您发生意外。把家庭生活全部打乱了，孩子们心情紧张，耽误工作不说，由于精力无法集中，也容易出事呀！相反，如果您把要去墓地祭奠的事情告诉他们，由他们陪同您去，家庭生活不被搞乱，才是真正的不找孩子们的麻烦呢。

洪阿姨：嗨！我真的是糊涂了。不过我现在真的不想在家待着。

心理专家：为什么啊？是孩子对您不孝顺？

洪阿姨：孩子对我很孝顺，主要是我不能看到老伴的生前遗物，一看到就控制不住自己。

心理专家：这一点可以理解，都有一个过程，随着时间的推移，慢慢会好起来的。目前的办法有三个，供您参考。一是到孩子家暂住一段时间，让孩子与您度过感情的寂寞期。二是到亲戚家住一段时间，与亲戚们共同回忆激情的岁月。三是化悲痛为力量，把思念之情变为积极的行动。比如，老伴生前喜欢养花，您就努力把花养好；老伴生前喜欢书法，您就争取也学会书法；老伴生前喜欢家庭欢乐，您就想方设法使家庭欢乐起来，总之要变消极的思念为积极的思念，才是对已故亲人最大的哀思。

洪阿姨：您讲的真是这个理，用积极的行动思念老伴才是正确的。

感悟人生：世间万物都有其定律，人由生到死，谁也不能够回避，其实活着的人也是在死亡的路途之中啊！每个人都在一天一天地接近死亡，没有什么可沉重的。有些老年人，当朝夕相处的老伴去世后，感情上一下子接受不了，会出现严重的情感失落，产生生不如死的想法，如果得不到有效及时的疏导，会引发严重的后果。这一点要引起老年人，家人以及社会的重视。老年人思念已故之人，要以平静地心态去思考问题，要用积极的行为去祭奠已故之人，千万不要让已经悲痛的心再掉入悲痛的窟窿里。记住：思念已故之人，就是要坚强地活着，快乐地面对人生。

4. 面对儿子的诸多不孝

没有过不去的火焰山，生活是丰富多彩的，幸福的路多着呢！

事出有因

71岁的朱爷爷躺在医院的急救室里，经过12个小时的紧急抢救，终于摆脱了危险。这是他第3次离家出走，在途中中暑导致昏厥，被一位好心的路人看到后，送进了医院。为什么呢？事情还得从他的两个儿子说起。

朱爷爷有两个儿子，40年前为了把孩子抚育成人，他与老伴可是吃了不少苦。看着孩子们渐渐长大，觉得该松口气了，可是两个儿子个个不让他省心。虽然都已经成家单过，但是老大游手好闲，娶了媳妇以后，在外面胡搞，还染上了性病，结果媳妇气跑了。后来还染上了赌博，每天就是玩牌，四处欠钱，把亲友的钱都借遍了，害的好多人只好向朱爷爷讨债，把朱爷爷的脸面都丢尽了。老二工作上不思进取，经常私下做点非法小买卖，几次倒卖非法光盘被检查人员抓住罚款，还是不思悔改。平时不但不给老人钱，还经常来家里“揩油水”，天天喝得醉醺醺的，把朱爷爷的老伴气得心脏病犯过好几次。想起两个“大逆不道”的儿子，朱爷爷心口憋得就难受。现在，只要听说儿子要回家，全身就哆嗦，脑袋就发涨，一时一刻也不想在家待着了。

朱爷爷的老伴心疼他，害怕他再次离家出走，发生意外事故，就请来了

心理专家开导他。

快乐交谈

心理专家：您生孩子的气，说明您是位非常有责任心的老人啊。

朱爷爷：你看得真准，我生孩子的气，嫌他们不争气，真的是因为我有责任心呀。年轻时，我工作积极，对社会主义的信心没有动摇过，就知道工作，为国家做贡献。祖辈几代人都是大老实人，吃、喝、嫖、赌的事从不沾，可是我的两儿子怎么就变的这样坏呢？我有罪呀，我有罪呀！

心理专家：您一生都是勤劳之人，没有做过任何亏心事，对人热情，对单位有感情，对国家忠诚，年轻时做了很多的贡献，您有什么罪呀？您不但没有罪，还有功劳呢！儿子现在不思进取，游手好闲，虽然有您教育不到位的责任，但是现在他们都均以成人、成家，都具了备完全的行为能力，他们的所作所为只能由他们自己负责，与您没有任何关系。

朱爷爷：可是我的心里总是堵得慌，每天脑子里总想着不争气儿子的事，都把我气死了。

心理专家：您的心里堵得慌，说明了您很有正义感，为孩子的前途与命运着急，担心他们玩火自焚。

朱爷爷：对！你说到我的心里去了。

心理专家：您的担心是对的，天下做父母的都希望自己的孩子有出息，期盼孩子对社会有更大的作为。说不担心是假的，可是光担心是没有任何结果的，也是没有任何实际意义的，只能给自己造成负面结果，危害自己的身心健康，甚至引发严重的后果。

朱爷爷：可是，我这个无能为力的老头子除了担心，没有其他好办法了呀？看到儿子很凶巴巴的样子，我也不敢说他们啊。

心理专家：现在您的精力已经全部集中在您的两个儿子身上了，所以不知道如何跳出来思考问题了，就会感到心很累。您是他们的父亲，批评孩子是天经地义的事，不存在敢与不敢的的问题。您还没有说呢，怎么就知道孩子们不听啊？任何人都有积极向上的一面，如果您觉得自己有精力，有足够的心理承受能力，就可以不厌其烦地与孩子交换意见，指出他们的问题，希望他们改正，我想真情会感动孩子的心。其实，在教育孩子的问题上只要“用

心加耐心”，终归会有办法解决的。这里我给您提出四点教育孩子的建议：一是在亲戚里寻找一位孩子尊重的长辈出面，客观地指出其问题的严重性，要求其迅速改正。二是可以利用一个合适的机会，给孩子讲几十年前您们老俩口生养他们的艰辛历程，让他们自己感悟。三是可以请社会问题专家帮助，让孩子接受系统的再教育，提高其思想认识水平。四是明确告诉儿子，现在不积极进取，将来有了下一代，怎么能面对孩子呢？另外，如果您觉得精力达不到，没有足够的心理承受能力，就干脆学会放弃，要把注意里转移到自己与老伴身上来，经常外出旅游，欣赏祖国的大好河山，心情会开朗起来。平时，应该尽可能地把业余生活调剂好，巧妙地避开孩子的“干扰”，主动与老同事交流，真正把心放下。要明白一个简单的道理：已经为孩子操了一辈子心了，现在该为自己操点心了。

朱爷爷：我觉得您说的有道理，可是我觉得儿子已经无可救药了，根本改不好了。

心理专家：如果您这样说的话，那么从您的心里就没有想让孩子改正。您还没有尝试呢，怎么就敢肯定孩子没药可救了呢？先不要否定自己，重要的是现在就去做，马上采取切实可行的办法。前进的道路中没有过不去的火焰山，只要有信心，再难的事，也会闯过去的。

朱爷爷：现在我觉得生活在苦水里，再也不会有晚年的幸福感了，真羡慕那些幸福的老人啊。

心理专家：其实苦与甜只是个人的感受不同而以，一个从沙漠里侥幸逃生出来的年轻人说，现在每天只要能喝上干净的水，吃饱饭就是最大的幸福了；一位因贪污进了监狱的罪犯，流着眼泪说，现在只要给我自由，哪怕是几分钟也好，就是最大的幸福了；一位千万富翁说，现在实在太忙了，哪怕让我一个人安静地待上1个小时，感受一下阳光，就是最大幸福了，可见幸福就是人的感受。

幸福是自己感悟出来的，而不是人家赏赐给您的，生活是丰富多彩的，幸福的路多着呢！孩子们惹您生气，您就偏不生气，自己寻找去积极地感悟幸福，品味生活。羡慕别人幸福，不如自己创造幸福，自己创造的幸福，感悟到的幸福才是最有意义的幸福。

感悟人生：俗话说："一家有一本难念的经，一家有一家的难处"。老年人在对待具备行为能力的子女的问题上千万不要太较真，太投入了，否则就会耗费心神，最终会使自己陷入自责之中，而不能自拔。要顺其自然，多把精力留给自己，使自己充实起来。路是自己走的，谁也不能管谁一辈子，要知道每个人对幸福的感受是不一样的。记住：没有过不去的火焰山，生活是丰富多彩的，幸福的路就在自己的脚下！把心事放下吧，幸福就会自动来到您的身边了。

自卑心理

5. 儿子出了意外事情以后

抬起头来，人生在世就是要面对无数的挫折！

事出有因

吕叔叔今年68岁了，刚刚过完生日，儿子就因酒后驾车造成了重大交通事故，毁掉了两个家庭，被追究了刑事责任，进了监狱。吕叔叔从小就很正直，遵纪守法，全家几代人都很平安地生活，惟有到了他的下一代闯了这样的大祸，吕叔叔觉得儿子给自己脸上抹了黑，感到低人一等，从此脸上失去了往日的光彩，再也不愿意与亲戚、老邻居、老同事交往了。每天独自一人躲在公园的拐角处发呆，一言不发。发展到后来他担心熟人在公园看见他，还要打招呼，就戴上了一个大帽子，把脸的大部分遮住，看上去特别难受。家人以为他过些日子会调整好的，可是半个月过去了，吕叔叔的状态更糟糕了，整日低着头，连熟人的电话也不接听了，每天闭口不语，屋子也不怎么出了。

老伴苦口婆心地相劝，也不见好转，害怕他憋出毛病来，赶快让孩子请来了心理专家。

快乐交流

心理专家：您最近心情不好，我们都理解，能具体谈谈是什么样的心情吗？

吕叔叔：唉！就是觉得心情压抑，低人一等，不想见人，不想与人交往，不知道该做什么！

心理专家：您堂堂正正一辈子了，为人正直，怎么会低人一等呢？您孩子出了事，给其他家庭造成了痛苦，您心情沉痛，压抑一些也是正常的，但是绝对不能因为孩子出了事，就产生低人一等的想法。客观地讲，孩子出了事，让您心理遭受了一次沉重打击。在这种情况下，您自己就不要再往自己的心里扔石头了，应该积极地面对现实，把善后工作做好。不想见人，不想与人交往，恰恰说明您逃避现实，不想把现实的问题处理好。您这样做的结果是什么，您知道吗？是想把现实的问题搞的更加复杂化。大家都在为您的儿子担忧，为因他的过失而受到伤害的家庭悲伤，而您现在却只顾自己的心情，为了自己的面子，而闹情绪。大家还得把精力分到您的身上来，您觉得自己是不是有些自私了。现在，全家人应该形成合力，共渡难关才对。您是一家之主，不仅自己要冷静，还要安抚老伴，开导儿子，因为儿子的心理压力比您还要大，更要安慰儿媳，因为儿媳的心理承受能力是有限的，这是您马上要做的事。一家之主，在关键时刻要临危不乱，遇险不惊。

吕叔叔：我恨死儿子了，真不想理他。

心理专家：儿子闯了祸，的确令人生气，但是车祸的发生也并非他主观故意，他已经受到了法律的制裁，各方面的刺激，会使你儿子的思想压力加大。您恨他，可以理解，但是不应该在现在恨。现在恨他，不理睬他，会造成他更大的压力，使他无法承受，严重时会酿成悲剧。您是长辈，要有宽宏之心，要给孩子仁慈的爱，让孩子减压，引导孩子尽快走出阴影才对啊！

吕叔叔：现在我总害怕别人笑话我，背后说我的坏话，特别自卑。

心理专家：其实，没有人笑话您的，是您自己的心理感受罢了。要正确看待儿子发生的交通事故，人生几十年的历程，有谁不犯错误呢，犯了错误，

及时改正，还是好人。要学会原谅自己，安抚自己。自卑心理最大的敌人就是自己，只有坚定地相信自己，树立信心，勇敢地战胜自己，才能消除自卑。您几十年的风风雨雨都闯过来了，今天遇到的这件事还闯不过去呀，相信您为了挽救儿子、撑起家庭，一定能闯过去。至于您说的背后有人说您的坏话，千万不要过分在意，嘴在人家的头上长着，还能挡住人家说啊。俗话说得好：走自己的路，让别人说去吧。

吕叔叔：我现在不敢与人家的目光相对，也说不清楚为什么。

心理专家：眼睛是心灵的窗户，您也没有做亏心事，有什么不敢与人家的目光相对呢？说白了，关键还是您自己跟自己较劲。生活中，无论遇到任何挫折，都要坚强地去面对，用乐观的心态去对待，勇敢地抬起头来，笑对人生。仔细思考一下，人生一世，不就是要面对无数个挫折吗！您现在对于儿子的问题已经陷得比较深了，要尽快调整自己，安排好以后的生活。

吕叔叔：以后没有什么好生活了，不会有了。

心理专家：不要这么悲观，换个角度对待生活可能会令您大吃一惊。可以听听音乐，可以到户外爬山，可以干自己喜欢的事，总之生活是丰富多彩的，要努力使自己融入生活中去。不能再耽误时间，现在就开始。

感悟人生：生活其实就是万花筒，里面有各种各样的颜色与图案，只有不断地变换自己的位置，才能组合出美丽的图案。现实生活中，很多老年人对孩子所犯的错误不能原谅，他们对家里的亲人发生类似的重大事情非常敏感，因为他们是吃过苦的人，是勤劳、正直的一代，接受不了孩子、亲戚入狱的事实。这要引起家庭和社会的注意，及时引导他们，安抚他们，使他们面对突发的事件，泰然自若，及时摆脱心理危机。记住：自卑好比一副无形的精神枷锁，你越不能自拔，它夹的就越紧。要摆脱精神枷锁，必须坚定信念，树立信心，勇敢地与之抗争。

6. 女儿离婚以后

痛苦的解脱，应该值得庆贺，应该为女儿高兴才是呀!

事出有因

65岁的吴大妈原本性格很开朗，可是自从女儿不忍丈夫的暴力，依法提出离婚以后，性格变得让人害怕。一天到晚不怎么说话，不敢出门，特别害怕见到熟悉的老街坊；以前每天饭后主动要外出散步，与邻居们聊天，现在邻居们路过她家门口时，在外面喊她外出散步，她也不出去了，总是以不舒服为借口拒绝人家。每天看着女儿的全家福照片，总是眼泪汪汪的。慢慢地家人发现她的食欲不如以前好了，睡眠更糟糕，大半夜还能听见她来回翻身的声音，人显得没精打采的。以前喜欢看的电视连续剧，现在只要看到里面夫妻恩爱的镜头就烦躁，而且还愤恨地把电视关掉，接着就是一阵唉声叹气的声音。

丈夫害怕她想不开，苦口婆心地开导她，可是她仍然我行我素，眼看情况越来越糟糕，儿子就把心理专家请进了家。

快乐交谈

心理专家：您能说一下现在的心情吗?

吴大妈：难以形容，就是觉得女儿不该离婚，有一口气堵在了胸口。

心理专家：女儿的婚姻是女儿自己的事，她知道该怎么办，而不是您觉得该不该离婚的问题。现在的年轻人有自己的爱情观，有自己的幸福观，谁也不会糊弄自己的一生，更不会白白葬送自己的幸福。您着这么大的急，上这么大火，堵气干什么呀。

吴大妈：我的女儿这么善良，离婚的不幸不应该摊在她的头上啊!

心理专家：我先纠正您的一个错误观念，离婚不一定都是不幸的事情，痛苦的婚姻，早一天结束，早一天解脱，早一天幸福；不幸福的婚姻，强行维持着，会使人更加痛苦，甚至走向死亡的深渊。您知道您的女儿为什么离婚吗?

吴大妈：知道一些，是她那个没有人性的前夫经常无辜向她身上撒气，

三天两头打她，我的女儿真是命苦啊。

心理专家：既然您也知道女儿的前夫没有人性，女儿没有安全感，得不到丈夫的关爱，生活得不幸福，应该积极支持女儿才对呀。现在女儿离婚了，痛苦消除了一大半，是件好事。您现在不高兴女儿离婚，是不是想把女儿进一步推进火坑啊？

吴大妈：不是！我怎么能把我的女儿往火坑里推呢！就是感到脸面无光。

心理专家：其实，您的行为就是把女儿往火坑里推呢。您好好想一想，女儿刚刚离婚，心里的创伤还没有完全愈合，最需要的是亲人温暖的安抚，特别是得到妈妈的理解与支持，但是现在您却以冷酷的态度对待女儿，女儿的心会因您而流血，这不等于把女儿往死路上推吗？您现在最大的问题是没有解决好您自己的面子问题。法律规定婚姻自由，结婚与离婚都受到法律保护。女儿为了摆脱苦恼，让自己生活得更加幸福，勇敢地离婚，一不丢人，二不犯法，三不危害他人，根本就不存在脸上无光的问题，您把问题想的太复杂了。生活中没有人会笑话您女儿离婚的，更没有谁会看不起您的。

吴大妈：我们几代人没有出现过离婚的问题，到了我女儿这，怎么就离婚了呢，我还是觉得没有颜面见人啊！

心理专家：您说的几代人没有出现离婚的问题，可是您要仔细想一下，您说的几代人都是几十年、几百年前的事情了，那个年代是什么文化背景，是什么社会状况？不离婚能说明什么呢？说明你快乐、幸福、满足？我看不一定。应该说，现在的婚姻与过去的婚姻有着本质的区别，要学会客观地分析问题，看到离婚问题的本质，不离婚的人，不一定就幸福；离婚的人，不一定就不幸福。我曾经接触过很多“凑合”婚姻的夫妇，他们的爱情早以死亡，双方都很痛苦，但是为了所谓的面子，在极其痛苦的精神枷锁下勉强维系着，他们活得都很累，甚至出现过自杀的念头。您认为，为了保住面子，这样的婚姻也需要维持吗？是不是太残酷了。颜面的问题其实是您自己的感觉，别人并没有对您及您的女儿产生歧视。即便是有歧视，也只能说明这些人没有修养，文化水平不高，素质低下。如果您为了这些人而感到没有颜面的话，那么您就等于把自己的水平降低了。

吴大妈：我觉得不……应该……吧！

心理专家：您回答的好，说明您明辨事理，有慈母之心。

感悟人生：婚姻幸福不幸福，只有自己才能感觉到；离婚并不等于痛苦，更不等于从此就失去了爱情，事实上当你勇敢地走出痛苦的婚姻后，才会觉察到等待你的幸福多着呢。

现实生活中，一些老年人对儿女的婚姻看得很重，特别担心儿女离婚，认为离婚是丢人的事，从内心里根本接受不了儿女的离婚，因此极力反对儿女离婚，很多无法挽回的悲剧都是由此引发的。老年人应该明白一个道理，儿女的婚姻不是给人看的，更不是为了面子而存在的。记住：爱儿女，就不要干涉儿女的婚姻大事。

自杀心理

7. 血尿之后

死都不怕，干吗还怕疾病啊？相信现代医学技术吧！

事出有因

65岁的陈叔叔最近总是神神秘秘的，每次上卫生间的时间特别长，从卫生间出来后，显得心情沉重，而且不爱与人讲话了。

一天，他上卫生间，老伴整理他的抽屉，意外地发现他存有很多的安眠药片，而且在包装盒里还发现了一封未写完的遗书。遗书以日记的形式出现，如：今天我的尿液带血，小便时很疼痛，我可能患了癌症，活不长了，与其痛苦坚持，不如自己早早解脱……今天下午，我的小便次数多，感觉尿不尽，很难受，想起可怕的癌，我就没有了生活的信心，还是早点解脱吧，免得给家人增添麻烦……今天半夜，感到小腹部难受，到卫生间小便，可是很吃力，看来癌细胞扩散了，看来真的要结束了……

老伴看了以后，吓的不知如何是好，担心出大事，急忙请来了心理专家。

快乐交谈

心理专家：您最近感觉身体如何？心情如何？

陈叔叔：哪有什么心情啊！我可能是癌细胞扩散了，没有几天的时间了，活不长了，不应该连累家人。

心理专家：您怎么知道是癌细胞扩散了呢？

陈叔叔：小便有血，特别疼痛，我不敢上医院，更害怕听到医生说是癌，所以准备自己结束生命，免得受罪。

心理专家：您很勇敢，不害怕死亡。不过您先冷静一下，您没有去医院检查身体，没有经过医生的科学诊断，自己怎么就断定是癌症呢？您连死都不害怕，难道还怕癌吗？还害怕听医生说是癌吗？况且，目前的情况还没有定论，您就没有耐心等待了。

人都要面临死亡，但要死的明白，知道是因为什么原因死亡的，您对自己的身体情况有知情权。癌症其实并不可怕，很多癌症患者敢于与病魔作斗争，保持乐观的精神，顽强地生活着，值得人们敬重。

陈叔叔：那我现在应该干什么呢？

心理专家：现在，您最主要的是不要紧张，更不要武断地认为自己得了癌，要使自己放松下来，立刻到医院去检查，积极地配合医生诊断，把病情确定下来，按照医生的治疗方案治疗。

陈叔叔：我担心，万一真的是癌症，会给家人造成痛苦啊！

心理专家：您的担心是多余的，如果您真的是癌，家人不可能不痛苦，这是人之常情；但是如果您不主动检查、不积极治疗，自己的精神先垮下来，没有勇气与癌斗争，自己就结束了生命，家人不但痛苦，而且还会恨你，甚至会让您以前高大的形象消失得无影无踪，多么不值得呀。如果您不是癌，只是普通的炎症，就提前结束了生命，想想是多么愚蠢的一件事情呢。另外，最坏的结果您想过吗？

陈叔叔：还有最坏的结果呢？

心理专家：最坏的结果是，可能会出现连锁效应，您突然结束了生命，家人会无法承受，尤其是您的老伴更不能承受。如果她想不开，很可能也走您的这条路，本来您是想减少家庭的痛苦，可是您的行为结果，是不是给家人造成了更大的痛苦了。

陈叔叔：这一点，我真的没有想过。

心理专家：随着人的年龄增长，衰老、生病、死亡是很正常的事，但是面对疾病与死亡要有一种敢于斗争的气概，您的行为会影响全家人的情绪。乐观、积极地面对疾病，对于战胜疾病，稳定家庭有着积极的意义；悲观地面对疾病，甚至以死来逃避疾病，只能给自己、给家人带来更大的痛苦。要知道这种痛苦是刻骨铭心的，会影响亲人一生。从这一点来说，您是自私了。

陈叔叔：我怎么就没有想这么多啊，看来我要马上去医院了。

感悟人生：生命是最宝贵的，要倍加珍惜。生命的意义就在于敢于与困难、挫折斗争，坚韧不拔地实现人生的价值。一些老年人，由于心理承受能力差，遇到一些挫折与困难没有勇气面对，而是采取轻生的办法寻求解脱，应该引起社会及家人的关注。

老年人自己要保持良好的心态，拓宽自己的生活范围，寻求更多的生活乐趣，做到老有所为。记住：连死都不怕的人，干吗还怕疾病啊？要相信现代医学，以积极的行动面对疾病。

8. 看孙子多次被粗暴拒绝

寻求法律保护，根本用不着自寻烦恼啊！

事出有因

深夜11点，70岁的马奶奶被120急救车送进了医院抢救，在急救室两天两夜，终于从死亡线上被拉回来了。邻居们以为马奶奶的心脏病犯了，其实不是，医生诊断是喝农药造成的中毒。为什么马奶奶要喝农药呢？这得从她看望孙子的事说起。原来，去年夏天的一天，儿子因意外车祸去世了，孙子才5岁，儿媳妇带着孙子改嫁了。开始，马奶奶到儿媳妇家看孙子时，儿媳妇还算客气，可是当儿媳妇改嫁后，就对马奶奶看孙子的事显得不耐烦了。每次都以种种借口拒绝，甚至还冷言冷语地给马奶奶话听。有几次，马奶奶实在想念孙子，提前在幼儿园门口等着，可是儿媳妇让现在的丈夫拦着马奶奶，

就是不让祖孙相见。还有一次，马奶奶听说孙子病了，就做好孙子爱吃的菜去医院等着，可是在病房门口，儿媳妇竟然把菜抢走，倒进了垃圾桶。想着这些痛苦的经历，马奶奶气得浑身哆嗦，自尊心受到了严重的打击，觉得活着没有意思了，经过激烈的思想斗争后，出现了喝农药的一幕。

马奶奶出院回家后，女儿担心再出意外，请来心理专家开导她。

快乐交谈

心理专家：您能说说现在是什么心情吗？

马奶奶：就是觉得特别委屈，一肚子苦水，一死百了，结束算了，倒是省心。

心理专家：您既然感到委屈，就要找地方申诉，把堵在心中的这口恶气发出去，心里轻松了，也就没有什么可放不下的了。人活着本来就很辛苦，遇到挫折与困难就不要自己硬扛着，应该采取切实可行的措施，彻底战胜困难，才是理智的。肚子里有了苦水，不引流，或者引流不彻底，最终会伤害自己，甚至会引发不可逆转的悲惨结局。到了那时，能一死了之吗？能省心吗？更多、更大的痛苦与麻烦全部会留给自己的亲人，会影响他们一辈子，甚至会改变他们的命运。

马奶奶：这一点，我没有想过。可是面对这样的儿媳妇，我这个软弱的老太婆有什么好办法呢？

心理专家：我要纠正您的一句错话，您可不是软弱的老人，更不是孤军奋战、已经弹尽粮绝、身负重伤的战士，而是有众人相助，有法律开道，有政府撑腰的当代“花木兰”。

马奶奶：别拿我老太婆开逗了，我自己吃几两干饭自己最清楚。

心理专家：怎么能逗您呢！您看望孙子合情又合法，有法律为您保驾护航，儿媳妇没有任何权力拒绝您看望孙子，您可以与儿媳妇对簿法庭，依照有关法律进行裁决，把正当看望孙子的权力夺回来。如果您认为上法院不妥当，可以找当地的妇联，请妇联的同志给您做主；也可以找亲戚、朋友或街道主任评理，因为您是合理的要求，公理在您这方，您的力量就大了。

马奶奶：办法很好，可是我还是害怕。

心理专家：有什么害怕的，您把农药都喝了，在死亡线上走了一趟的人，

死都不畏惧，还害怕上法庭、找妇联、上街道办事处吗？再说，法庭与妇联及街道办事处都是为您说话的地方，大胆地去，只有去了才能光明正大地看到孙子，再也没有人敢阻拦您了，从此您的苦水也就没有了，委屈也自然消失了。

马奶奶：您这么一说，我倒是有了一些勇气，可是我还是不想把问题搞大，毕竟家丑不外扬。

心理专家：如果您实在担心把事情搞大，也可以主动与儿媳妇的妈妈、爸爸取得联系，争取他们的支持，让他们做女儿的工作。我想，人心都是肉长的，最终会使儿媳妇转变态度的。但这要有一个过程，您必须学会忍耐，有持久的耐心，敢于面对一次接一次的打击。

马奶奶：我真的坚强了，放心吧，为了儿子，为了孙子，我不会再干傻事了。

感悟人生：人生要面对的挫折实在太多了，对待挫折就是要坚定信念，以坚韧的恒心去解决。其实，挫折并不可怕，怕的是您成了挫折的俘虏，使自己的自信心丧失得一无所有，那才是最大的失败呢。一些老年人缺乏勇气，遇到困难与挫折就悲观失望，甚至产生极端的做法，要引起大家的重视。

生命是极其宝贵的，生命的结束等于一切都没有了，千万不要着急，因为结束生命的事早晚都要发生的，为什么我们不能在有生之年，去更好地解决问题，品味人间冷暖呢。记住：自己的合法权益受到侵害，要敢于寻求法律保护，根本用不着自寻烦恼！

孤独心理

9. 孩子都飞出了“巢穴”

自然规律，你应该感到自豪，安排好自己的生活吧！

事出有因

68岁的黄大爷有三个孩子，孩子都非常争气，全部在国外留学，很多人都羡慕他。由于老伴去世早，他退休后一直自己单过，一次他的一位老同事过66岁生日，邀请他参加，看到老同事的孩子们虽然不富裕，但是给老人过生日却很慷慨，一家人幸福美满，很开心热闹。回到家后，看着空荡荡的房子，顿时感觉到了从来没有过的孤独，心情复杂，极度矛盾。第二天，黄大爷感冒了，头痛难受，四肢酸软，没有胃口，想吃碗鸡蛋面都没有力气做，孤单地在床上躺了一整天，伤心地流出了眼泪，觉得自己是天下最孤独、可怜之人，哆嗦着把老伴的遗像抱进怀里，感慨万千，心如刀绞。慢慢地他的性格变化了，动不动就伤感，不爱出门活动了，也不爱讲话了，吃东西也凑合了，接听孩子的越洋电话也没有了往日的兴奋，总是潦草、冷淡的几句话，让孩子们很不理解。最令黄大爷烦恼的是，目前他的睡眠也不好，夜间在床上来回“贴饼子”，每天晕晕糊糊的，脑子都大了，电视也不想看，收音机也扔到一边去了，对自己养的花草、热带鱼没有任何兴趣了。

一天，居委会的同志来家核实人口，发现他的精神状态不好，就劝他宽心，想开些，可是效果不明显。居委会的同志很负责任，就把社区心理专家请到了黄大爷身边。

快乐交谈

心理专家：您现在是不是感到很孤独啊？

黄大爷：是的，太孤独了，感受到了生不如死的滋味，心里的痛苦难以忍受。

心理专家：到了老年这个阶段，孤独感都会产生，只是有轻有重，这是正常的现象。孤独感越强烈的人，往往是越追求完美生活的人，越注重感情的人。其实，孤独只是人的一种感受，当您的思维集中在不现实的问题上，往往就会感到孤独与无奈。比如，您总设想身边有孩子、有老伴陪伴的生活，因为想法无法实现，就会产生强烈的孤独感；如果您的脑子里考虑现在住着宽敞的房子，有电视机、收音机、漂亮的鲜花、美丽的热带鱼陪伴着，就会感到自己并不孤独，而是很充实、很快乐。

黄大爷：嗨！千不该，万不该，真后悔让孩子们出国。孩子们不出国，我也就不会这么孤独了。

心理专家：您后悔让孩子们出国了，我想这不是您的真心话，当您的孩子接到出国留学的通知书时，您的喜悦心情我想是无以言表的。每天早上起床后，要多想几件高兴的事情，自然您的心情就高兴了，孤独感就会减轻了。客观地讲，即便您孩子不出国，也不会天天在您的身边守着您，照样会有孤独感产生。我曾经遇到过一位71岁的老人，有6个孩子，都在一个城市住，可是孩子们没有一个人守着他过日子，最近的小儿子与他相距2个楼门，进进出出的都能看得见，可是一年到头小儿子只看望他一次，他既感到孤独又感到无奈，多次感慨地说，早知道儿子这样，还不如不见面的好。相反，有一位70岁的老人，儿子在边境保卫祖国，经常写信给他，安慰老父亲，给了老人巨大的精神鼓励，这位老人心态十分乐观，逢人便说："儿子在边疆想着我，我是最幸福的人啊。"由此可见，孤独与孩子在不在身边没有直接的关系，全凭自己的感受。

黄大爷：您说的有道理，可我是注重感情的人，真的无法解脱出来。

心理专家：越是注重感情的人，越容易解脱出来。因为您始终想着他人，希望他人幸福，愿意为他人的快乐而牺牲自己。注重感情是好事，但是不能曲解感情。您思念孩子，孩子也在思念您，孩子们经常给您打越洋电话问候，这就是孩子们对您表示感情的行为。如果您因为感情，而感到孤独，心情沉重，思想压力大，当孩子们知道后，能在几万里之外安心学习与工作吗？万一他们因为您的心情不好，也心情沉重起来，工作出现差错，那时您的心情会是什么样的，您想过吗？孤独并不可怕，怕的是您自己认为是孤独的人。当您以积极的行动充实自己的生活，找到自己的兴趣点，您就不会感到孤独，

相反会感到生活是丰富多彩的，要干的事情还很多，哪还有时间感受孤独呢。要摆脱孤独感的办法很多，但关键是保持乐观，对生活充满信心。一要多走出去，参加集体活动，在集体里寻找温暖。二要积极改善环境，如果情况允许的话，可以找一个贤淑的老伴，这样双方都有了依靠。三要广交朋友，在条件可行的前提下，主动与老同事、亲戚、鱼友、花友交流，客观地把烦恼倾诉出去，以减轻孤独感。

黄大爷：看来我的思维真是僵化了，放着幸福不寻，专门往孤独里钻。

感悟人生：老年人要明白自然规律法则，当您感到孤独的时候，也就是您应该感到自豪的时候，因为孩子们都已经长大成人，快乐之门的钥匙就在你手里，赶快打开吧，不要再犹豫了，积极安排好自己的晚年生活，才是聪明之举。现实生活里，一些老年人由于没有调整好自己的心理状态，思维容易出现僵化，当遇到挫折与困难时，就容易产生孤独感，应该引起亲人与社会的关注。

老年人自己要敢于正视现实，知道孤独是不可避免的，早晚会到来，但孤独并不可怕，可怕的是身陷其中不能自拔。孤独时要想一想快乐与幸福的往事，坚定信念，以积极的行为给下一代人做出榜样。记住：要走出孤独的阴影，靠谁都不行，只有靠自己积极的行为，真心地去感受、品味生活。

10. 老伴到女儿家照顾外孙女以后

变被动为主动，支持老伴，自己寻找新乐趣！

事出有因

孟叔叔今年70岁，女儿大学毕业后留在外地工作，前不久女儿顺利产下了一个女孩，孟叔叔的老伴匆忙地去外地照顾女儿及外孙女了。以前，孟叔叔从来不管家务，过惯了饭来张口，衣来伸手的日子，几乎是油瓶子倒了都不扶的人，这下孟叔叔可抓瞎了。生活起居及日常事务没有了头绪，糟糕的日子苦不堪言，想让老伴回来，又担心女儿及外孙女没有人照看，心情十分

矛盾，胸口里好像有了一堵墙，压得喘不气来。每天不怎么出门了，没有了笑脸，几乎不说一句话，也不像往常那样按时起床了。本不想到外面买着吃，现在为了填饱肚子，也要硬着头皮去买着吃。不爱吃方便面，可是没有办法，也只好凑合着吃。以前，女儿经常来电话问候他，现在也顾不上了打电话了，让他感到更加孤独与无奈。更加半个月过去了，孟叔叔的情况日益严重，每天无精打采的样子，一个人蔫蔫地坐在沙发上发呆，像是大病初愈一般，人衰老了很多。孟叔叔的妹妹来看望他，发现孟叔叔的情况异常，怎么开导也无济于事，于是请来了心理专家。

快乐交谈

心理专家：您能敞开心扉，把憋在心中的话讲出来吗？

孟叔叔：我觉得自己现在就是多余的，特别孤独与无助，没有人关心我，更没有人想着我，我是个累赘啊。

心理专家：您怎么是多余之人呢？您是对社会有贡献之人，年轻时您勤恳工作，是令人尊重的。现在，您的年龄大了，虽然退休了，但是还有很多事可以做，仍然可以继续为社会做贡献啊。您说没有人想着您，没有人关心您，这是片面的，现实生活中您的亲人、友人都在关心您，他们都没有忘记您，社会、单位、组织也没有忘记您，也在关心您呢。

孟叔叔：关心我，怎么不管我呀？

心理专家：其实，关心有狭义的，也有广义的，不要把关心简单理解为具体的一件事。您可以回忆一下，您的老伴未去女儿家之前，对您无微不至的照顾，是不是一种关心啊？您的女儿没有生孩子之前，经常给您打电话，是不是一种关心啊？您的妹妹来看望您，是不是一种关心啊？现在老伴照顾女儿去了，暂时无法照顾您了，您就觉得没有人关心您了，我想您就有些自私了，只知道人家关心您，却不知道主动关心一下别人。您现在每月领取退休金，享受晚年生活，说明单位、国家在关心着您；您使用着天然气、暖气，享受着公园免费、乘车免费的福利，看病有医疗保险，这些特殊的待遇即是一种爱，又是一种关心，怎么能说没有人关心您了呢，怎么能说没有人管您呢？

孟叔叔：我……没有想这么多，可现在我的生活真的太糟糕了，实在感

到孤独难耐。

心理专家：生活糟糕，并不等于没有人爱，要明白一个简单的道理，关心是要做出牺牲的。我问您一个问题，您要如实回答。您关心别人吗？

孟叔叔：关心，我内心特别关心别人，但不善于用语言表达。

心理专家：这就好沟通了，既然您关心别人，就要真的做出牺牲。女儿生孩子是一件大事，您支持老伴去照看，苦了自己的生活，就是一种牺牲，也就是用实际行动配合老伴关心女儿了。如果老伴知道您现在的糟糕情景，就不能安心照顾女儿了，女儿也会感到自责，把她们的心情也搞糟糕了，这能说您特别关心别人吗？您现在知道了没有老伴在身边照顾的苦恼，您换位考虑一下，老伴一辈子照顾您，您也不觉得是照顾，更没有感觉到是一种关心，现在知道了老伴的辛劳，今后就要对老伴更加照顾，主动关心老伴，尝试着给老伴做顿好吃的饭，帮助老伴买菜，陪老伴散步等等。现在老伴不在身边，正是您学着下厨房，整理家务的好时机，您自己照顾好自己，把家里管理的正规有序，成为生活的强者，等老伴回来后，看到您快乐地生活着，肯定会眉开眼笑，这也是一种爱呀！您女儿现在顾不上打电话给您，您可以主动把电话打给她，把关心与爱护主动送给女儿，告诉女儿哺乳期的营养、心情及其它注意事项，女儿听了以后会多么的高兴与开心啊。另外，你也可以给老伴打电话，让她放心照顾女儿，不要惦记家里，老伴也会感到您的关心与爱了，会更加放心地照顾女儿。还有，现在的生活丰富多彩，您怎么就非要与孤独为伍呢？白天可以去公园散步，可以与老同事聊天，也可以做自己喜欢的事，晚上可以看喜欢的电视节目，可以读报，练习书法等等。

孟叔叔：我真是太自私了，真的没有想到这么多，现在我得赶快去给女儿买些育儿的书邮寄过去。

感悟人生：关心别人，也就等于关心自己了。不要总是想着孤独，更不能自私地只要求别人爱你，关心你，而你却没有一点牺牲精神去爱别人，关心别人。生活中，应该客观地看问题，心胸要宽广一些，把别人对自己的爱，尽可能地想得多一些；同时还应多想一想，社会的爱、单位的爱、组织的爱。记住：变被动为主动，自己寻找新乐趣，就没有孤独感了！

害怕传染病心理

11. 亲戚患了肝炎以后

科学预防，千万不要自寻烦恼！

事出有因

儿子下班回家后，发现妈妈（许大妈）把客人用过的餐具、喝水杯子、穿过的拖鞋、毛巾统统地扔进了垃圾箱，而且表情十分严肃，吃力地把家里能洗的东西全部用消毒液洗了三四遍，门把手、沙发扶手、坐便器的坐垫套也消毒两次，几个窗户全部打开通风。儿子对妈妈的行为疑惑不解，追问为什么。原来，中午老家的舅舅来看望她，吃饭闲聊时，得知舅舅是“乙肝”患者，把她吓得大汗直冒，感到家里到处都是乙肝病毒了，害怕极了。等舅舅一走，就开始了大消毒。女儿、女婿和外孙女每周回来一次，许大妈连忙打电话告诉女儿不要回来了，女儿问她为什么，她也不说，吓得女儿赶忙过来看个究竟。可是到了门口敲门时，许大妈就是不开门，隔着门说什么事情也没有，让她们赶快回去，女儿一听这话更是不放心，就反复追问原因。许阿姨才说老家的舅舅来了，他患有乙肝，现在心里特别害怕，担心家里生活物品被染上乙肝病毒，传染给女儿、女婿和外孙女，所以才不让女儿进门。儿子与女儿安慰她，劝她放心，可是没有效果。无奈之下，儿子请来心理专家。

快乐交谈

心理专家：您有预防疾病的意识很好，说明您很重视身体健康，但是过分了，也没有必要。

许大妈：乙肝太可怕了，无孔不入，被传染后，会得肝癌的。

心理专家：其实没有您说的那么可怕，只要很好地注意几个关键的地方，把好消毒关，入口关，一般是不会被传染上的。我有一个亲戚，是传染科的护士，五年的时间，天天接触乙肝患者，给乙肝患者吃药、打针、输液，还帮助乙肝患者洗衣服、喂饭、剪头发，处理呕吐物，甚至有时还要帮助病人

处理大小便，可以说是亲密接触者，但她并没有传染上乙肝病啊，她的家里人也没有人传染上乙肝病。由此可以看出，接触乙肝病人并不是那么可怕。最可怕的是你自己，人为地使自己情绪急躁，心情压抑，体内的免疫系统下降，这时还真的容易使疾病上身。

许大妈：乙肝客人在家里，呼吸时肯定会把病毒传播到空气里吧。

心理专家：我看过乙肝方面的资料，医学研究证明，乙肝并不是通过空气传播的，主要通过饮食、血液传播。我的一个邻居就是乙肝病人，患病已经五年了，他的家庭成员都很健康，全家人平时严格按照消毒程序消毒，注意饮食卫生，到现在为止，没有一个人被传染上乙肝。您如果不明白，可以打电话询问一下预防的经验。现在卫生防疫做得很好，多数人在出生后就注射了乙肝疫苗，体内有了抵抗病毒的机能。另外，只要我们自己注意身体锻炼，体质增强了，抵抗病毒的能力也就增强了，即便真的有病毒侵入体内，也会被体内的抗体消灭。

许大妈：我还是不放心，家里都被污染了，怎么办好啊？

心理专家：如果您实在紧张，可以请教医院的传染病医生，掌握一些预防知识，学会正确的消毒方法。其实，很多恐慌都是因为不知道传染病的性质、传染途径造成的。前些年，“非典”让人们恐慌了好一段时间，为什么呢？就是因为当时人们不知道“非典”是如何传染的，后来知道了，恐慌也就消除了。现在，医学已经非常清楚了乙肝的传播途径，病理特点，切断传染源的途径，您的心完全可以彻底放下来。只要把病人在家里摸过的东西、使用过餐具、毛巾，进行彻底消毒，认真处理，就没有什么危险的了。如果您还不放心，明天可以去医院打乙肝疫苗，吃一些预防肝炎的中草药，增强体质，提高机体的抵抗力。另外，有些乙肝患者经过治疗，病情稳定后，已经没有很强的传染性了，不要自己给自己制造紧张气氛。

许大妈：经你这么一说，我现在踏实了，知道该怎么办了。

感悟人生：人应该坦然面对各种情况，善于稳定情绪，坚定必胜的信心，始终相信人是最伟大的，没有什么困难会难住人的聪明智慧的。情绪稳定了，考虑问题理智了，恐惧感自然也就消失了。特别紧张时，可以换位思考一下，患疾病的人都很坚强，都没有害怕，我们健康的人，又有什么可怕的呢。

现实生活中，有些老年人对疾病传染非常敏感，他们非常害怕被传染上疾病，不敢出门、不敢与病人接触，总觉得对方的手上、衣服上有传染病病毒。对于这类比较敏感的老年人，家庭、社会一定不能轻视，要多进行健康卫生知识的宣传与教育，普及防病知识，让他们尽快地从恐惧中解脱出来。记住：遇到传染病人以后，紧张、恐慌是没有用的，最好的办法是：加强学习，科学预防，千万不要自寻烦恼！

12. 家里发现了蟑螂以后

正确对待，不能自己给自己心里添堵啊！

事出有因

62岁朱阿姨平素爱干净，每天把屋子收拾得整洁利落，一天下午，她收拾柜子，突然在衣服包里发现了一只蟑螂，吓得她面色如纸，冷汗直冒，半天说不出话来。老伴赶忙上前把蟑螂抓了出去，安慰她没有什么可怕的。她连忙说："坏了，这下我们家的柜子里、厨房里、抽屉里全是病毒和病菌了，怎么办啊？"说完，急忙给女儿打电话，告诉女儿家里有病毒和细菌了，最近不要带孩子回来，以免被传染上。然后，坐在沙发上，两腿颤抖，呼吸急促，情绪激动，显得很焦虑。晚饭也没有心思做了，老伴没办法只好外出买来食品吃。朱阿姨看到买来的食品，没有胃口，躺在沙发上，一言不发。老伴说："蟑螂没有那么可怕，我们买点蟑螂药就可以了，放心吧。"朱阿姨哭泣着说："蟑螂到处爬，它的爪子带有很多细菌，爬到这里，带到那里。现在，在柜子里发现了蟑螂，说明厨房、客厅、卧室、床上蟑螂都爬过了，肯定有病菌了。天呀，我该怎么办啊？"晚上，朱阿姨焦虑得无法睡觉，唉声叹气地折腾了一

整夜，思想压力大极了。老伴担心她吓出病来，第二天赶快请来了心理专家。

快乐交谈

心理专家：蟑螂的确让人讨厌，我也讨厌蟑螂，但不害怕蟑螂。其实，人与蟑螂之间，害怕的应该是蟑螂，而不是人呀。您究竟为什么这么紧张呢？

朱阿姨：我害怕它的样子。

心理专家：难道它比狼、鳄鱼、毒蛇的样子还可怕吗？老虎凶狠吧，可是您上动物园时，看到笼子里的老虎，您觉得害怕吗？肯定不会，相反您还觉得老虎可爱呢。其实，蟑螂的样子并不恐怖，国外一些礼品公司还以蟑螂的样子，设计了很多的装饰品，特别受欢迎。在野外，如果没有食品的情况下，蟑螂还能成为人生存的重要食品来源呢。20世纪60年代，一条船遇到了大浪，平时连蚂蚁都害怕的玛利亚家三口身陷无名荒岛。岛上没有任何食品，眼看要被饿死了，恰好玛利亚发现了一块岩石下面，有无数的蟑螂，三人以此为食，一直坚持到救援船赶到。如果，玛利亚害怕蟑螂，不敢吃，就会把生命葬送掉。其实，有很多样子不好看的昆虫及动物，都有极高的药用价值呢。如，毒蚂蚁、蚰蜒、蜈蚣、蟾蜍、毒蛇、壁虎等等。遇到可怕的昆虫与动物后，要想想它们的益处，它们能给人治病，这么想紧张的心情就会缓解。闲暇之时，可以看看蟑螂的图片，了解有关蟑螂的科普知识，条件允许时，也可以去自然博物馆，了解昆虫的知识，使自己对蟑螂有更深刻的了解，了解的多了，也就不紧张了。20世纪70年代，国外一名女博士，小的时候特别害怕眼镜蛇，可是后来她不怕困难，以顽强的毅力，只身来到非洲研究眼镜蛇，最终取得了成功。世人无不敬佩她的胆识及献身科学的勇敢精神。人是万物之主，没有什么可怕的。

朱阿姨：我就是特别害怕它爪子上的病毒与细菌。

心理专家：蟑螂身上是带有很多病菌，确实传播疾病，可是只要注意一下卫生，严把食品关，是不会有什么问题的，千万不要恐慌。现实生活中，人类控制疾病、治疗疾病的水平已经达到了相当高的水平，由于我们从小到大注射过很多疫苗，对一些疾病有了很强的免疫能力。我们人体本身也具备一定的免疫功能，只要注意锻炼身体，注意营养，体质增强了，不会有什么事发生的。过去我的家里也有过蟑螂，而且数量很多，后来及时灭除了，家

人并没有被传染上任何疾病。我们楼里的很多人家也有蟑螂，大家都没有恐慌，积极进行灭蟑工作，没有发现谁家患上了传染病。

朱阿姨：反正柜子里发现了蟑螂，我心里不舒服。

心理专家：心里不舒服是正常的，谁也不愿意看到蟑螂，都有一个缓解过程。您现在最应该做的不是害怕，害怕就等于向蟑螂认输，应该主动咨询防疫部门的专家，在专家的指导下，对整个房间进行彻底消毒和疫情处理。可以把柜子里的衣物全部拿出来晾晒，厨房彻底大清查，食物全部拿到外面检查，看是否有被蟑螂污染的问题，餐具彻底进行消毒。

朱阿姨：听您这么一说，我好像心情放松了。

感悟人生：害怕传染疾病心理，人人都可能会出现，但是害怕没有任何意义，只能使事情更糟糕，面对传染源，要积极科学地应对，充分地做好预防工作。蟑螂是很可恨的，人们非常讨厌它，尤其是住楼房的家庭。老年人一旦发现蟑螂，千万不要紧张，更不能如临大敌一般，在及时捕捉后，仔细检查食物有无被蟑螂污染，要注意消毒和卫生防病。蟑螂数量多时，可以请防疫部门来帮助灭杀。家人要及时做好老人的心理安抚工作，缓解紧张情绪，认真地解决。记住：人是勇敢的高级动物，没有什么可以害怕的，要正确对待疾病、昆虫、动物，不能自己制造紧张气氛，给自己的心里添堵。

恐惧死亡心理

13. 从殡仪馆回来以后

怕也没用，与其自毁生命，何不潇洒人生啊！

事出有因

林叔叔今年76岁了，最近感到身体不太好，到医院一检查，结果是患了

严重的心脏病，心里很害怕。恰好在第二天，他的好友因为心肌梗塞，在夜间没有任何征兆就去世了。他参加好友的遗体告别仪式后回到家里，想着老朋友的突然去世，甚至连一句话也没有留下，感到从来没有过的恐惧。由于自己也被检查出有心脏病，担心自己也会在夜间无声无息地死亡，情绪很低落。林叔叔就没有了往日的笑容，更没有了以前的积极生活态度。每天，神秘、紧张的样子，偷偷地把自己关在房子里写东西，经常唉声叹气，食欲明显下降，到附近的公园散步也不敢去了，主要是担心半路突然心脏病发作，意外死亡。晚上，睡觉也不踏实，几分钟就醒一次，几乎彻夜难眠。白天没精打采的样子，身体状况越来越差。以前养的花，也不怎么照看了，最近因缺水连续死了好几盆。有时在沙发上，迷糊着了，还会发出惊诧的喊声：“我没有死，没有死……”，或者高声呼喊去世老朋友的名字，捶胸顿足，大汗直冒，面部肌肉搐动。

老伴看到他情况反常，担心他情绪激动，真的引发心脏病，就安慰他，劝他不要太紧张，可是没有任何效果，于是赶快请来了心理专家。

快乐交谈

心理专家：能说一下您现在最担心的是什么吗？

林叔叔：担心像去世的老朋友一样，无声无息地死亡。

心理专家：您的担心是多余的，人谁也离不开一个死。人们从一出生开始，就已经踏上了死亡之路。我觉得您的老朋友在夜间无声无息的死亡，真的是一种幸福，他没有受病痛的折磨，亲人不会看到他痛苦挣扎的样子，没有听见亲人伤心的哭泣声，这么平静、祥和地走完生命的历程，您不觉得是一种幸福吗？难道您希望他痛苦挣扎，走得很凄惨吗？

林叔叔：不是，可是他连一句话也没有留下啊？怎么能够就闭眼走了呢？

心理专家：既然死亡是谁都避免不了的，什么时候死，什么方式死，只要是健康正常的人，是无法预知的。现实生活中，只要每天过得精彩，日日没有虚度，对得起社会、亲人与所热爱的事业，留不留话又有什么关系呢。人赤裸裸地来到世界，最终也会赤裸裸地离开世界，有什么放不下的呢。前不久，有一位年仅22岁的消防队员，为了保护人民的生命财产，在生与死的面前，他把生的希望留给了陷在火海里的群众，光荣牺牲。他走的既壮烈，

又突然，什么话也没有留下。但是，人们没有忘记他，他的英勇、高大的火海救人的形象，始终在人们的心里散发着光芒。消防队员用自己的行动，留下了他的遗言，给后人以极大的激励。

林叔叔：我的老朋友就这么突然地走了，我真的很伤心，很思念他。

心理专家：您伤心，思念老朋友，是说明您重视老情义，值得大家敬佩。已经去世的老朋友如果天上有知的话，看到您思念他，为他的去世而伤心，也会揪心。他肯定是希望您幸福、快乐地生活，开心地过好每一天。您现在就要把思念化为积极的行动，使自己快乐起来。其实，总想着死，只有死路一条；而不想着死，生活就会丰富多彩起来。所以要充实地过好今天，用好心情对待亲人，用好情绪感染身边的人，用积极健康的行为，为大家树立榜样。您如果担心突然死亡时，留不下话是可以理解的，但可以采取一些预防措施，比如把遗嘱事前写好，这样就可以免去了不必要的担忧。没有了担忧，剩下的就要想方设法提高生命质量，让生命富有朝气，坦然面对任何可能出现的死亡形式，直到生命终结的那一刻。

林叔叔：我现在真的明白了生命与死亡。

感悟人生：老年人对“死亡”二字很敏感，特别是听说故友去世时，会引发联想，造成对死亡的恐惧。有时，思想压力过大，心理可能会承受不了，情绪难以控制，导致行为出现异常。对待这样的老年人，要因势利导，具体情况具体分析，具体对待，多以安抚为主，千万不能不闻不问，讽刺挖苦，更不能冷漠对待。

老年人要用自然的心态对待死亡，把死看成是人生的一个过程，是自然的事，谁也无法回避。记住：我们虽然无法决定什么时候离去，什么方式离去，但是我们可以决定以什么样的态度对待死亡。在死亡面前，怕也没用。与其自毁生命，何不潇洒人生啊！

14. 患病后茶饭不思

顺其自然，敢于与疾病斗争，其乐无穷！

事出有因

前不久，63岁的张阿姨感到左上腹经常性疼痛，而且浑身没有力气，吃饭也不香甜，还出现恶心、呕吐现象。去医院检查以后，初步诊断为胃炎，医生说胃部有一个很小的肿瘤，需要全面检查，才能下结论。并预约好六天后，进一步检查。听说胃里有了肿瘤，张阿姨越想越感到害怕，认为病情非常严重了，已经到了无法挽救的地步，而医生避重就轻说很小的肿瘤，是有意隐瞒实情，就这样胡思乱想整夜无法入睡。

白天，张阿姨一个人躲在房间流泪，经常哀声叹气，一脸的苦相，也不爱梳妆打扮了。丈夫专门为他做了可口的饭菜，她也没有胃口，平时喜欢喝绿茶，现在也没有心思喝了，每天散步的好习惯也不坚持了，喜欢听的音乐也不听了。丈夫耐心地安慰她，希望她不要有什么心理负担，只要配合医生进行彻底检查、化验，按照医生的治疗方案治疗，肯定会康复的。听了丈夫的话，张阿姨十分不耐烦，她认为医生在隐瞒病情，就是检查出了癌症，医生也不会告诉她，并坚持说不去做进一步检查了。丈夫感到问题严重，就请来了心理专家。

快乐交谈

心理专家：您现在心事重，是什么原因呢？

张阿姨：担心检查出是癌，很害怕死亡。

心理专家：害怕死亡是可以理解的，但是您不去进一步检查就是不理智的行为。害怕死亡，就要珍惜生命。您不去做进一步检查，其行为结果是不想多活，想尽快结束生命。

张阿姨：我从不想尽快结束生命，我多么珍惜生命啊。

心理专家：您现在被初步检查出有小块肿瘤，并没有确诊是什么性质的，说明还不至于危及生命。既然您珍惜生命，就应该以积极的行动保护生命。按照医生的建议，全面系统地进行检查与治疗，这样才能使疾病得到治疗，

使生命得到延续。珍惜生命，不能停留在思想上，也不能只是用嘴说，更不能以消极的态度与自虐式的行为，证明自己是珍惜生命的。您现在的情绪十分不好，总害怕检查出癌，担心过早地死亡，每天都不高兴，无形中使心理压力增大。长时间的心理压力过大，可能由功能性的病变逐渐演变成器质性的损害，不仅会引发精神疾病，还可能引起高血压、心脏病、胃溃疡，甚至是癌症。传统中医认为，消极的情绪，让人情志不畅，气血积滞。久之，会使人的阴阳平衡被打破，使邪气侵入正体，淤积之满，就会导致经络阻塞，形成肿瘤。

张阿姨：您说，我现在还能高兴起来吗？

心理专家：怎么高兴不起来呢？其实，高兴的钥匙就在您的手中，随时可以轻松打开它。您现在只是初步被诊断为有肿瘤，并没有确诊是什么性质的，就应该庆幸自己上医院检查得及时，发现得早。既然长了肿瘤，发现得早，就是值得高兴的事。前不久，有一个很有前途的年轻人，为了事业，小病不去医院检查，结果晕倒在写字台上，被送进医院时，才后悔地说，要是早来医院检查就好了。因为他已是肝癌晚期，无法医治了。您与晚期癌症患者比起来，是不是幸福的人啊，是不是该高兴啊。要高兴就要换位思考，把复杂的问题简单化。现在您应该把长期揪着的心舒展开来，庆幸自己检查及时，假如真的确诊为癌，也没有什么可怕的，既然人总有一死，知道自己是因什么病而死也算安心了。况且，早期癌症的治愈率很高，积极治疗就是了，没有什么可怕的。治疗癌症，精神作用很关键，只要精神振奋，有大无畏的气概，体内的积极因素就多，癌细胞就不容易扩散。如果精神垮了，就是体内没有癌细胞，也可能早早得上癌症，迅速扩散开去。

张阿姨：要是真的是癌症的话，这么年轻就死了，多遗憾呢。

心理专家：在医院里，经常有一些病人根本就不知道自己是什么疾病就死亡了，他们离开人世，是多么的无奈与遗憾呢。您现在不要关心死不死的问题，而是要关心怎么与疾病斗争的问题，在与疾病斗争中寻找快乐。有些疾病是很“胆小”的，您强大了，疾病就害怕了，被吓跑了；您弱小了，退却了，疾病就趁机侵占您的身体。在疾病面前，就要有英雄气概。每天快乐的生活，健康就会与您相伴。听说您爱好听古典音乐，就应该经常听一些经典的古典乐曲，闲暇时放上一曲，会使自己的心理逐步地进入古朴的情调之中去。平

时，亲朋好友之间要多走动，大家在一起聊天，谈谈共同爱好和关心的问题，对恢复健康非常有效。

张阿姨：看来，我真的要振作起来了。

感悟人生："死亡恐惧综合症"是常见的心理现象，一些患有疾病的老年人，由于社会活动减少，平时又比较封闭，长期受疾病的困扰，可能会导致性格发生变化。故意把疾病危害夸大，预感到即将死亡，出现异常的行为，消极地对待生活，甚至拒绝治疗，放任疾病继续发展下去。

老年人应该积极改善和调节自己的生活，以自然的态度对待任何事物，不为事所累，不为病所害。没有谁能摆脱死亡，要坦然面对，想方设法延续生命。而不是消极的对待，更不是虐待自己，要以坚强的信心，主动与疾病做斗争。记住：肌体有病，是谁也无法阻挡的；但保持精神健康与平和的心态，却是由自己决定的。

害怕动物心理

15. 壁虎爬进家以后

要知道人是高级动物，害怕的应该是动物啊！

事出有因

去年夏天的一个晚上，61岁的田阿姨在床上睡觉，突然她感到有一个肉呼呼的东西往她的大腿上爬，急忙开床头灯检查，发现了一条小壁虎粘在大腿上。天生就胆小的她，见到样子恶心的壁虎吓得大叫一声，没有来得急穿衣服，就跑出了房间，向正在看电视的丈夫高喊救命。丈夫从客厅跑出来，问她发生什么事情了，她表情紧张地说床上有壁虎，丈夫赶快进了卧室，把壁虎抓住扔了出去。壁虎虽然被扔出去了，可是田阿姨的麻烦也就来了。丈

夫回客厅看电视，她站在卧室门口，心还是狂跳不停，头上冒虚汗，觉得壁虎还会光临，而且感到床上爬满了壁虎。于是双腿开始哆嗦起来，脑子嗡嗡直响，眼前仿佛有好多壁虎围攻她，趴在她的大腿上，钻入她的肚子里，吓得大喊一声“救命呀”，飞快地跑进客厅。丈夫问清情况后，安慰她不要这么紧张，是心理作用，可是她就是不敢进卧室睡觉了。丈夫担心她会吓出毛病来，就请来心理专家对其进行疏导劝告。

快乐交谈

心理专家：您现在是什么心情啊？

田阿姨：就是感到紧张，感到壁虎还在床上。

心理专家：您现在脑子里要多想一想大海，蓝天、绿草与白云，想想草原的牛羊，江南的小桥流水，不要老想着壁虎的事。你丈夫已经对卧室里的每个角落进行全面清查，把卧室中的所有的东西都翻了个底朝天，确实没有壁虎了。这一点，我可以向你保证。您要默默地牢记3分钟，壁虎真的没有了。

田阿姨：我感到特别害怕，害怕壁虎有毒。

心理专家：壁虎虽然有毒性，但它不咬人，它是益虫，还吃蚊子呢。李时珍的《本草纲目》中记载，壁虎是药材，有解毒、散风之功效呢。在野外，有的人在断绝粮食的情况下，就是因为吃了壁虎，才得以生还的。前年，有一对摄影爱好者，在新疆拍摄野驴的照片，遇到狂风，迷失了方向，在断绝食物6天的情况下，夫妻意外地抓住了十几条壁虎，狼吞虎咽地吃下去，维持了生命数小时，最终被救援人员发现。他们苏醒后，说的第一句话是，壁虎我爱你。其实，壁虎是我们人类的好朋友，它在保护着我们，帮助我们消灭有害的蚊子及昆虫。一般情况下，壁虎是不会进入我们的房间，如果担心壁虎进房间，可以让丈夫检查一下门窗是否有缝隙，纱窗是否有破洞，如果发现问题，及时修好就可以了。也可以在卧室、客厅、床上床下、储藏室里、厨房里、窗户上、门框处，放上适当的驱除壁虎的刺激性药物，确保万无一失，这样壁虎就没有机会爬进来了。

田阿姨：可是我真的很讨厌壁虎的样子。

心理专家：其实，很多人都与您一样，讨厌壁虎的样子，大家并没有受到影响，还是正常的生活与工作。讨厌可以理解，但因为讨厌而影响了生活，

影响了身体健康，造成心理压力就不应该了。壁虎与人都是生活在地球上的生命，应该成为好朋友，就是因为动物的多样化，才使的地球生命丰富多彩，生机盎然。在非洲的一个部落里，当地的人们把壁虎当作崇拜的神，说它是传递生命与智慧的使者，是地球与生俱来的神奇之祖。在欧洲的一些国家，很多玩具制造商，还以壁虎的图案，创做出了许多样子可爱的玩具，深受大家欢迎。现在，您可以与丈夫亲密一些，保持形影不离的状态，让自己始终感到安全、踏实，逐渐忘却壁虎的阴影。脑子里如果自然地出现壁虎的影子，不要想害怕的事，要常想壁虎是益虫，壁虎吃蚊子的镜头，是人类的朋友，是活化石。还可以适当看一些壁虎的小知识，注意看电视播放的有关壁虎方面的科普知识，慢慢地您就会感到壁虎是温顺的动物，其实没有什么特殊的地方，只是样子看着有些恐怖。

田阿姨：我现在平静了很多。

感悟人生：现实生活中，一些人对某些动物有惧怕心理是常见的，但是惧怕超过了一定限度，出现严重的异常症状，如出汗、哆嗦、心发慌、头痛、恶心，影响了正常的生活与工作，就不正常了。家人发现身边的老年人行为异常后，就应该及时地加以安抚，认真进行疏导，千万不能置之不理，防止发生不可逆转的情况。

怕是自己造成的恐慌，说明自己没有信心。面对害怕的事、物，老年人要有一种遇事不惊的心态，要暗示自己没有什么可以害怕的，谁都害怕人。对于恐怖问题，最根本的办法是“心病心治”，通过系统的训练，逐步适应。千万不要过急，否则会加重病情。亲人不要耻笑胆怯者，应该以爱去温暖胆怯者，以爱去激励胆怯者，以爱去让胆怯者产生斗志。记住：人是高级动物，害怕的应该是动物啊！

16. 在回老家的日子里

主动改善环境，积极寻求快乐方式！

事出有因

61岁郝阿姨在城市生活习惯了，根本不知道农村是什么样子。退休前，没有时间回老家，退休后，在老家表姐的邀请下，与老伴去了几千里以外的湖南老家。路上，看着蓝天白云，闻着香气袭人的花草，感到特别开心。到了表姐家以后，住在一间平房里，房子里显得很阴暗潮湿，条件无法与城里相比。遇到的第一个问题就是上厕所，进了茅厕，可怕的事情一个接一个，简易的茅厕里，迷漫着刺鼻的气味，令人作呕。低头一看茅坑，更让郝阿姨无法面对，里面全是爬动的蛆，恶心得让人无法形容。往茅厕的棚顶一看，趴着几个大壁虎，几只特大的蜘蛛窝藏在角落里，令人毛骨悚然。吓得郝阿姨没有解手，憋着尿，面色苍白地又回来了。实在憋不住了，在屋子里把尿解在了塑料袋子里。晚上睡觉，大院子空空的，漆黑不见五指，吓得她全身哆嗦，手脚冰凉，呼吸急促，睡也睡不踏实，真是体验到了生不如死的滋味。第二天，精神萎靡不振，就与表姐说身体不舒服，商量着要回去，表姐担心她真的生病，就带她去了县医院检查。医生认为是精神紧张造成的身体不适，就认真地开导她。

快乐交谈

医生：您的情绪紧张，为什么呢？

郝阿姨：就是害怕上厕所，太恶心了，解不出来。

医生：其实，很多城市人来到农村以后，开始都不太适应，有的是吃不习惯，有的是睡不习惯，有的是住不习惯，但是最头疼的是上厕所的问题。城市人用惯了抽水马桶，很卫生，没有异味，也没有可怕的蛆。到了农村，一下子就要面对严酷的现实，真的需要勇气。您的表姐天天要面对这样的环境，她能忍受着，是多么的英勇无畏呀。您生活在条件好的城市，要感到幸福与快乐了。看到了别人的苦，才能更加感到自己的甜，才更应珍惜现在的好生活。

郝阿姨：恐怕我没有勇气了。

医生：勇气是需要培养与锻炼的，没有谁天生就胆子大。农村人一般比城市人胆子大，为什么，就是因为他们见的多了，见多了也就不害怕了。现在农村的生活条件虽然有改观，但整体上还很差，可是您要换个角度考虑一下，我们的祖先都是从农村长大，想一想我们的祖先与天斗、与地斗、与自然灾害斗，是多么的勇敢呀。农村是我们赖以生存的基础，是最接近自然生活环境与状态的现实世界，没有任何的修饰，呼吸的是新鲜空气，吃的是无污染的蔬菜，喝的是地下水，能把自己融进去，是很幸福的事。您现在可以调整一下住房，与表姐商量在院子里安装一盏电灯，晚上你也可以自己搬到表姐的房间住，让表姐陪伴你，与你一起聊天，叙说家常，谈谈农村的变化，还能看看电视，吃饭也有了保证，这样就可以缓解紧张情绪。

郝阿姨：我现在害怕上厕所，什么兴趣也没有了。

医生：只想着害怕，最后的结果会更糟糕，仍然是继续害怕。其实，害怕虽然不能一时半刻解决掉，但是要寻找兴趣还是立刻就能找到的，因为兴趣就在身边。白天，您可以与老伴一起，主动请表姐带你们出去散步，到田地里看稻子的生长情况，看野花与野草，到村边的小河旁捉鱼捞虾，到村山坡处植被茂密的地方听蝉的鸣声，到山上抓蝴蝶、摘花，看小孩放牛，看蓝天白云，看蔬菜的生长状态，看农民如果劳动等等，很快您就会有兴趣了。如果您带着数码相机，可以到处拍照，把美丽的劳动景色记录下来，是多么开心的事呀。其实，解决上厕所的问题很简单，与表姐说一下，找一个干净的便盆，在房间里解决就完了，我想表姐会理解的，也没有人会笑话你。现在，一些城市里的家庭，还有在屋里使用便盆解决大小便的问题呢。

郝阿姨：你说的有道理。

感悟人生：长期生活在城市的老年女性，对农村生活缺乏感性认识，在没有思想准备的前提下，一旦到了农村后，可能会出现暂时的不适应，甚至是严重的情绪与行为异常，要引起人们的高度重视。

老年人要预先有所安排，在去农村之前，要有充分的思想准备、精神准备和物质准备，多学一些生存技能，掌握必要的救护知识，做到遇事不慌乱。对于怕字要客观地对待，既不能恐慌，也不能置之不理，要在条件允许的情况下，尽可能地解决好，不要人为地造成恐怖源。对于大小便的问题，可以舍掉面子，提出合理的解决方式，大可不必在小节上兜圈子，自己给自己戴紧箍咒。记住：主动改善环境，积极寻求快乐方式！

焦虑心理

17. 看着马桶不知所措

心静、自然，知足，是获得快乐的妙方啊！

事出有因

71岁何奶奶从来没有出过村子，也没有进过城，前些天被孙女接到了城里，准备享受几天城里人的好生活。到了孙女新装修的三居室，她看看这儿，看看那儿，特别的好奇，认为到了以前的皇宫里，笑容满面。安排好奶奶后，孙女上班走了，恰好在当天晚上孙女因为工作原因，需要出差几天，就打电话让丈夫赶紧回家，孙女婿急忙赶回家给奶奶做饭，吃饭间孙女婿发现老人的表情就不怎么高兴，看上去还有些焦躁的样子。问奶奶是不是旅途累了，还是有什么不舒服的地方，奶奶摇头说没有。以后的几天里，何奶奶总是坐立不安，一脸愁容，还说要回家。到了第四天的深夜，何奶奶腹部疼痛，哎呀、哎呀的呻吟声传到了孙女婿房间，孙女婿看到老太太难受的样子，担心出事，

叫了“120”，把她送进医院，经过紧急处理，解除了她的难言之隐。原来，何奶奶住进了孙女儿家，要进卫生间方便，发现是坐便器，因为她从小到大没有看见过这种东西，更没有用过，在老家从来都是进简易茅房，蹲着方便。她坐在上面，怎么都是不舒服的感觉，开始连小便也解不出来，后来实在憋不住了，能稍微解出一点点的小便，可是大便就是解不出来。越解不出来，就越焦躁，最后干脆就不解了，硬憋着，焦虑的心情无法控制，最后险些出现严重后果。孙女婿不便与何奶奶说，就请来了心理专家。

快乐交谈

心理专家：您其实不必要紧张，顺其自然最好。

何奶奶：我大便干燥，憋的难受，能不紧张吗？

心理专家：大便干燥与人的情绪有直接的关系，情绪越紧张，越焦虑，越容易导致大便干燥，越难以排除。我国的传统中医对治疗大便干燥有很多办法，民间也有许多好偏方，根据医生的建议，吃一些清热泻火、润肠通便的中药就什么事情都解决了。另外，预防便秘最简单的办法是，平时多饮水，多运动，多吃粗纤维的蔬菜，自然就没有事了。

何奶奶：可是我没有见过马桶，真的解不出来。

心理专家：这是心理作用，可以理解，得有一个适应过程。第一次使用坐便器的人，一般会有这样的心理。老年人几十年养成的生活习惯，特别是解决内急的习惯，一下子适应过来，是非常困难的，也是很痛苦的一件事。其实，您能顺利地解出来。在解大小便时，要暗示自己没有问题，使用这么高级的坐便器，既卫生，又舒适，还减少意外危险的发生，真是一种享受。

何奶奶：可是我的心情不好，很不是滋味，也不知道该怎么办。

心理专家：您现在脑子里只有卫生间了，只有坐便器了，这样肯定会影响心情。中医认为，焦生火，火生淤，淤积则肠结，肠结就会便秘。您的很多烦恼与焦虑都是您自己造成的，您应该按照我说的，在积极预防上多想想办法。每天按时喝足够量的水，在城市的运动少，就要主动到附近的花园里散步，还要多吃、蔬菜、水果，心平气和地品味生活，多想开心高兴的事。最主要的是，要有既来之，则安之的心理，一切就自然了，到那时您恐怕就住习惯了，不想回老家了。

何奶奶：我没有什么高兴的事可想。

心理专家：高兴的事多着呢，您们村子与您同龄的老人很多吧，他们可能一辈子也没有出来过，您现在出来了，坐了飞机、火车、汽车，看到了城市的真容，亲眼目睹了您的晚辈生活得如此幸福，这么孝顺，这还不值得高兴吗？

何奶奶：比起村里的老姐妹们，我真的应该高兴啊。

感悟人生：焦虑是可以预防的，只要平静地对待生活，对待发生的一切。其实，很多焦虑都是人为因素造成的，缺乏解决问题的勇气，不敢面对现实，心中就会忐忑不安，紧张的情绪也就随之出现了，一定要设法使自己冷静。

现在，在农村生活的老年人养成了自己的生活习惯，在饮食、卫生、起居等方面与城里人相差较大，这种情况应该引起重视。在邀请老人进城居住之前，要预先有思想上、物质上、心理上的准备，给他们以方便，让他们感到真正的温暖与幸福。记住：心静、自然，知足，才是获得快乐的妙方啊！

18. 老家来人小住以后

一切随缘，记住孔子的话，有朋自远方来，不亦乐乎！

事出有因

冯叔叔69岁了，过习惯了平静的生活，每天打太极拳、散步、午休、练习书法、看电视，生活很有规律。最近，他们老家的几个远房亲戚因为有事来北京，希望在他家小住数日，他对家乡很有感情，热情地答应了。好吃、好住、好招待，临走还送些钱给亲戚用。家乡人回去把他的热情说出去以后，可是不得了了，八杆子打不着的亲戚，也来北京游玩，并希望在他这里借住。开始，他还能应承，后来实在是影响精力，严重干扰了正常的家庭生活，感到无名的烦恼，情绪十分焦躁。现在，只要一听说老家又要来人，就觉得心慌憋气，无法控制自己情绪，有一次竟然大声高喊“别来干扰我了！我受不了

了。我不想活了，不想活了。”老伴发现了他的情绪异常以后，及时安慰与疏导，可是效果不好。为防止万一，就请来了心理专家。

快乐交谈

心理专家：您先冷静一下，不要紧张。

冯叔叔：我能冷静吗，老家老来人，我真想招待好，可是我的生活被打乱了，急的真没有办法。

心理专家：您的心情可以理解，招待好老家的亲戚，希望亲戚们回到老家后，说您没有忘本，够意思，不让家乡人笑话。其实，接待老家的人与安排好自己的生活并不矛盾。在老家来人时，您的心应该先安稳下来，可以对老家的亲戚进行分类，分出了几个级别，即特别急的事情，一般急的事情，不急的事情；同时根据情况的不同，定出了必须要进家的和不需要进家的；明确必须在家吃饭的和不应该在家吃饭的亲戚。根据自己确定的“规章”，完全可以明明白白地告诉亲戚，不必要委屈自己。另外，能用电话解决的，就用电话解决，能写信的就写信，既不伤情面，又缓解了家庭压力，双方都省事，这样一下子就减少了亲戚来家的数量和频率，您的正常生活也不会受到干扰。

冯叔叔：可是我不好开口。

心理专家：没有什么不好开口的，合情合理的事，总比您硬撑着，自己受罪的好。现在，城市居民的居住环境并不宽敞，经常来人确实显得很拥挤。老家人很实在，他们也没有故意伤害您的意思，但是您要是事前声明了，免得见面后，局面难堪。另外，现在城市里的招待所，普通宾馆很多，价钱也不贵，您如果感觉资金充足，体现对家乡亲戚的情义，可以花钱请亲戚到招待所、宾馆住，在饭店吃顿招待饭，双方都能理解，又解决了面子问题，还不影响您的正常生活。

冯叔叔：这样合适吗?

心理专家：合适，现在很多家庭都采取这个方式。花钱换快乐，让钱成为快乐的使者。现在，接人待物也要改革了，您没有能力，非要把人接到家里，既不方便自己，又可能使对方难受，可是双方又谁也不说，最后是您钱也花了，累也受了，可是效果却不好。再有，您有孩子，孩子们也有接待能力，

如果老家来人，完全可以委托孩子接待，这样就可以省去了您的很多操心事。年龄大了，真的应该简单行事了，千万不要死要面子活受罪了。

冯叔叔：我真的有点死要面子活受罪了。

心理专家：您现在的情绪不稳定，如果您的经济条件不错，身体情况也允许，您最好随团去沿海旅游，看看大海，看看山川河流，看看渔民的生活，享受一下大自然的快乐。通过旅游，您会焕发青春，把烦恼的事情忘掉。心情舒畅了，对事、对人也就更加宽容了，想问题也就豁达了。

冯叔叔：我还真的想去旅游呢。

感悟人生：焦虑专门找爱着急的人，无论遇到什么事，都不要急，要冷静对待，找出解决问题的好办法。解决问题是稳定心态的关键，而只知道着急，不解决问题，只能越来越使您的情绪变坏。

现在，城乡差别还存在，生活、卫生习惯大不一样，各有各的规律。一些长期在城市里生活的老年人，由于养成了良好的生活习惯，当老家的亲戚到来时，会打乱他们的生活，碍于面子，他们又不好意思提出任何意见，这就会给他们的心理造成压力，这一点应该引起亲人的重视，对出现问题的老年人及时给予安慰。老年人自己应该坦然对待老家来人的问题，学会用现代的接待方式接待客人，减少不必要的烦恼。记住：一切随缘，经常想想孔子的话，有朋自远方来，不亦乐乎！

过分担心

19. 儿子、孙子出门以后

记住孩子都大了，会保护自己的，该保护的是你自己！

事出有因

66岁的辛阿姨，退休后刚刚过上几天安稳的日子，近期忽然心情变得沉

重起来，惊恐不安的样子，面容一下憔悴了许多让人觉得她有什么心事。上街买菜也是心不在焉，经常把钱算错，与邻居见面，也显得特别不耐烦。老伴问她为什么，她说因为看了电视新闻，节目中报道了一起严重的交通事故，汽车轧死了一个男孩，事故现场血迹斑斑，非常恐怖。从那之后，她就开始担心儿子、孙子也会发生同样的事故，因为这条路恰好是儿子、孙子回家的必经之路，越担心越觉得可能，以至于辛阿姨担心程度不断加重。有时如坐针毡，在门口向外望，盼望儿子、孙子早一天回来，呼吸急促，心跳加快，血压也升高了。中午饭也吃不踏实，午觉也不睡了，每天只有儿子、孙子在家时，心情才算平静一些。儿媳妇劝她不要过分的担心，不会出什么事，她仍然是心情沉重。儿媳妇看着她痛苦的样子，就找来了心理专家。

快乐交谈

心理专家：您为什么这么紧张啊?

辛阿姨：担心我儿子、孙子被车撞了，我就这么一个儿子、孙子呀。

心理专家：您关心孩子的安全是应该的，但是您要是过于担心，甚至是幻想发生车祸，就不应该了。现在都是独生子女，也不是您一家，要是都像您这样过于担心，那么社会就不正常了，家庭也没有好日子过了。现在，虽然汽车多了，可并不是像您想象中那么可怕，只要遵守交通规则，一般不会发生意外。您家门口的那条路是主要车道，交通民警多，民警执法严格，交通秩序良好，民警会很好地约束驾驶员安全驾驶的。

辛阿姨：但是我脑子里总是那个血迹斑斑的画面。

心理专家：这是您的心理作用，不要随意联想，更不能把晦气的事往自己的儿子、孙子身上联系。儿子、孙子都大了，他们知道遵守交通规则的重要性，绝对不会拿生命开玩笑。儿子有文化，有修养，他知道如何保护自己的安全。孙子的学校有安全员组织同学上下学，有预防交通事故发生的小黄帽，老师也会教他们注意交通安全的。您现在应该把心放进肚子，多想儿子、孙子的好事，心态自然就平和了。

辛阿姨：想不起有什么好事要发生啊!

心理专家：想想儿子今天有了新业绩，想想孙子又考了100分，想想孙子明天考上重点大学了，想想儿子上了电视，成了新闻人物等等。实在想不到

什么好事，可以把以前的照片翻出来看，回忆儿子、孙子的过去，心情也会好起来的。其实，没有绝对安全的地方，只有相对安全的地方。在家也不一定就不发生事故，去年某地发生了一起奇怪的交通事故，一辆卡车司机疲劳驾驶，夜间把车开进了一个邻街的铺面，当场把铺面里熟睡的3人轧死。

辛阿姨：可我实在放不下。

心理专家：过度担心，真的不能忽视，一定要设法消除它，否则会造成严重的心理及精神疾病。要以平常心面对问题，科学地进行心理调适，懂得过度担心是什么也解决不了的，只能增添烦恼，只有踏踏实实地做好每一件事情，问题才可能解决。要增强心理承受能力，养成遇事不慌，冷静沉着的处事态度。要学会自我安慰、自我暗示，当预感到要发生问题时，要控制自己的情绪，警告自己不要往坏处想，还是好事多、好人多，想也没有用。要敢于宣泄自己的情绪，把压抑的问题和心理秘密向知心人说出来，反而会轻松许多。要善于分散自己的注意力，参加社会活动，找一些有意义的事情去做，会明显减轻过度担心心理。

感悟人生：老年人关爱孩子是人之常情，但是过度担心，甚至出现了妄想，就可能导致心理疾病发生。要把问题想得简单一些，不要总是往坏处想，遇到拿不准的问题，可以找明白人问一问，把疑惑弄明白就可以了。老年人也有自己的生活，不要总是把精力全部放在孩子身上。

老年人要对孩子有信心，相信孩子具备自我保护能力，完全能够适应社会。仔细想一想，其实孩子们都长大了，应变能力都很强。记住：孩子都大了，会保护自己的，该保护的是你自己！

20. 自己成了“保姆”

好好享受生活吧，幸福的日子从现在开始了！

事出有因

71岁的黄爷爷有两个孩子，但都在外地工作，他单身一人居住。前不久，

孩子们回家发现他的身体不如以前了，担心他发生意外，就热心地从老家给找了一个远房亲戚作保姆。本来以为是好事，孩子们可以放心了，可是却发生了相反的结果。黄爷爷自从保姆来了以后，就有了度日如年的感觉，心情压抑，十分郁闷，精神面貌很差。以前，很爱说话，现在话也不多，看上去既冷漠又忧愁。以前，经常出门散步、爬山、下棋，现在也不出门了，每天就是睡觉、看电视。女儿来家看望，发现他的情绪不对，就追问他，他吞吞吐吐地说出了事情的原委。原来，保姆看黄爷爷脾气好，胆子就大了起来，脾气也暴露出来了，爱玩的习惯也显露出来。经常上街闲逛，很长时间不回家，害得黄爷爷很担心她的安全。还经常偷偷地使用家里的电话打长途闲聊。喜欢听流行歌曲，不顾黄爷爷的喜好，把声音调得很大，刺激得黄爷爷心情十分杂乱。看电视也有瘾，很晚才结束。对黄爷爷也不礼貌，让黄爷爷心中不满。做饭也不怎么顾及黄爷爷，而是按照自己的口味去做，不管黄爷爷的口味。黄爷爷几次想批评保姆，可是碍于是老家远房亲戚的面子，担心影响亲戚之间的关系，以后无法走动，就一直压抑着。女儿担心他的心理健康，就请来心理专家。

快乐交谈

心理专家：保姆有问题，您可以批评吗？

黄爷爷：唉，真是一言难尽呀。保姆是远房亲戚，我担心说了以后会引起亲戚不和。

心理专家：您的担心是多余的，您的内心郁闷、压抑，保姆根本不知道，保姆还以为您不反对呢，默许就是同意。您如果不好开口向保姆提出您的意见与要求，可以让孩子去转达您的想法。孩子会按照您的意见认真找保姆谈话，指出保姆的错误行为，统一思想。让孩子给保姆一个限期改正的机会，认真地约法三章。一是要尊重老人；二是摆正位置；三是以老人为中心。约法三章后，保姆就会意识到自己的问题，会向您承认错误，始终把您放在家庭的中心位置。

黄爷爷：我认为保姆都懂呢。

心理专家：其实，很多保姆由于是第一次工作，根本就不知道，应该怎么做，这就需要有个事前规定，您不要有任何的思想顾虑，把要注意的问题

全部告诉保姆，这样保姆就有了行为准则，知道自己可以干什么，不可以干什么，这对双方都有好处。只有双方加强交流，多沟通，才能逐渐理解，逐渐融洽，才能像一家人一样。

黄爷爷：我担心说了会让保姆难堪。

心理专家：不会使保姆难堪的，把丑话说前面，总比事后不愉快好。其实，您还要将心比心，保姆在农村老家生活，来到大城市看什么都新鲜，一人在外肯定想家，也很不容易。另外又是亲戚，觉得您善良，可能放松了要求，您也要原谅。保姆打打电话，报个平安，也是人之常情，希望您不要太在意。还有，也可以把保姆当成一家人，在保姆闲暇之余，鼓励保姆参加英语、电脑、财会、烹调等学习班，提高保姆的文化水平，掌握更多的技术，回家以后可以带动家乡亲人致富。

黄爷爷：好吧，我单独找保姆谈谈。

感悟人生：老年人与保姆的关系一定要从一开始就理顺，要有明确的规章制度，绝对不能忽视这个问题。规章制度定好了，会减少很多麻烦事。家人在给老人找保姆的问题上，一定要慎重，要多听老人自己的意见，体察一下他们的心理感受。家人对于上岗的保姆，要经常与之交换意见，努力把问题解决在萌芽期间。

老年人自己对保姆有意见，也要及时说出来，不要憋在肚子里，更不需要担心什么尴尬的问题，说的越早，越有益于问题的解决。记住：年岁大了，就要好好享受生活，幸福的日子从现在开始，有话就说，不要委屈了自己！

多疑心理

21.总怀疑有坏人站在防盗门前

调整生活，绕开烦恼，把自己融入大自然！

事出有因

62岁的毛阿姨，天生胆小，最近因为丈夫出差了，自己一个人在家守着150多平米的房子，行为变得有些异常了。每天总是神神秘秘的，在开防盗门时，仔细通过猫眼看外面是否有人，把耳朵贴在防盗门上，认真听有没有动静。如果没有动静，才敢开防盗门。每天晚上把防盗门关得严严的，还反复检查好多次，生怕没有关好。有时半夜里还做恶梦，吓得冷汗直冒。晚上睡觉，耳朵竖起来，像末日即将到了一样，久久不能平静下来。总感到防盗门前站着个黑影，有时实在害怕了，就开开灯，一晚上也不敢关灯睡觉。原来，前不久在她居住的小区里，一个歹徒撬开了一户防盗门，把主人残忍地杀害了，财物也被洗劫一空。从此，她怀疑这个歹徒没有离开小区，还在周围转悠，好像下一个目标就是她家的防盗门。由于长时间情绪紧张，心事重重的，茶饭不思，根本无法入睡。感到生不如死，浑身无力，记忆力严重下降，总爱忘事。无奈之下，自己找到了心理专家。

快乐交谈

心理专家：您的紧张完全是自己的猜想造成的，适当放松就没有事了。

毛阿姨：我一闭眼就是黑影站在防盗门前的画面，能不紧张吗？

心理专家：由于小区发生的惨案，您产生了多疑心理。多疑就是对人、对事物没有客观的了解之前，主观的假设与推测，是一个非理智的判断过程。多疑心理无孔不入，会发生在各种场合、各类人员和各种事件之中，它严重影响着人们的各种行为活动。如怀疑别人说自己的坏话，怀疑别人偷了自己的钱，怀疑恋人不忠，怀疑有人故意陷害自己，怀疑自己得了重病，怀疑有

坏人要撬窗户等等。轻微的多疑，是正常的，但是过度了，出现了幻想就要克制了。

毛阿姨：我有文化，怎么会多疑呢？

心理专家：多疑心理与文化高低没有直接的关系，有时文化高的人反而多疑心理严重。多疑的人一般受到过意外打击，其性格也比较内向、脾气倔、固执、不好运动和交往、情绪不稳、幻想、懦弱、腼腆、拘谨、不愿接受意见。多疑对身心健康是极其有害的，会给工作、家庭、学习、进步、恋爱交友、团结等带来严重的不良影响，自己也终日生活在痛苦与烦恼之中。多疑严重者很难与人相处，严重者还会产生攻击行为，甚至自杀行为，还可能诱发精神疾病。

毛阿姨：这么严重呢？

心理专家：是的，真的很严重。但如果积极地调整自己的心态，立刻采取相应的措施，很快就会恢复正常的。俗话说："解铃还需系铃人"，要彻底解除多疑问题，一要加强学习，提高修养，增强对事物的分析与判断能力，减少片面思维；二要在生活上多安排有意义的活动，培养广泛的兴趣，让生活、学习、工作紧张起来，减少胡思乱想的机会；三要学会放松、不要把问题看的太严重，相信事实；四要走出封闭的小圈子，与外界多接触，体验大自然的神奇。我建议您外出一段时间，约请熟悉的人一起去旅游，参观一些名胜古迹，看看山上盛开的鲜花、树木、绿草和流水，心情会很快恢复的。

毛阿姨：我丈夫不在家，我不能离开呀。

心理专家：不离开家，就要把人请进家。可以把表姐、表妹、姨妈、姑妈分别请来小住数日，与亲人们亲情接触，有说有笑的，很快就忘掉了以前的"阴影"。每天脸上只要出现幸福的微笑了，就什么事也没有了。另外，为了彻底摆脱引起疑惑的种子，可以与小区派出所联系，了解破案情况，呼吁民警加强警戒，也会减轻一些心理压力。还可以参加社区老年大学，学习绘画，每天的业余生活充实起来了，也就没有时间疑神疑鬼了。

感悟人生：老年人的内心感情比较复杂，自我保护意识特别强，心理承受能力相对较弱，对各种外界刺激，非常敏感，容易产生联想和多疑，需要及时地加以调节。亲人和社会要多鼓励老年人多参加有意义的社会活动，多为他们创造一个优雅的生活环境。对于多疑过度的老年人，家人、社会要给予更多的关心和爱护，在理解的基础上，要多与之交流，使其心理得到安慰。千万不要讽刺挖苦他们。

老年人要对自我保护问题有一个正确的认识，既不能大意，也不要太敏感与神经质。要改变僵化的生活习惯，多寻找自己的乐趣，多与亲戚走动，参加社会活动，消除寂寞。记住：调整生活，绕开烦恼，把自己融进大自然！

22.总感觉煤气开关没有关好

建立备忘录，赶快安排好业余生活吧！

事出有因

马叔叔前不久在一张报纸上看到一条消息，大概内容是有一个66岁的老太太，由于疏忽大意，做完饭以后煤气开关忘记关了，泄露了大量的煤气，结果引发了火灾，全家人烧成了重伤，看上去惨不忍睹。放下报纸以后，马叔叔脑子里总怀疑自己家中煤气管道也可能有问题，漏气严重。到了家，行为就不对劲了，出现了一个怪现象，每天进厨房几十次，用鼻子闻来闻去，用手检查煤气开关，半夜也要去十几次，后来竟然发展到几分钟就要进一次厨房了。结果每天精神疲倦，人消瘦了许多。以前爱出门，现在也不怎么出门了，理由是随时准备监测煤气泄露问题。还经常嘱咐老伴要注意煤气，千万关好开关。老伴觉得他肯定是担心过重，背上了沉重的思想包袱，就请来了心理专家。

快乐交谈

心理专家：您脑子里不要总想着煤气泄露的问题，不会有事的。

马叔叔：千万不能大意，还是谨慎点好，万一泄露了呢？

心理专家：煤气管道、开关是经过严格测试后，才准许安装的。只要安全使用，按照要领关闭开关，一般不会出问题。如果您实在不放心，可以请专业检测技术人员上门为您家的煤气管道、燃气开关重新检测，并请专业人员讲解安全使用常识，应急办法。做到心中有数，就可以高枕无忧了。

马叔叔：我就是不放心，总觉得家里的煤气开关老化了，肯定会出事的。

心理专家：担心是正常的，有警惕性也是正常的，如果您不放心的话，有几个好办法。

马叔叔：有什么好办法？

心理专家：办法有很多，一是可以建立一个备忘录，记录自己已经进了厨房，煤气开关没有问题，逐渐减少进厨房的次数。二是可以到燃气器材商店，买一个煤气泄露监测仪，安装在房间里，让仪器替你监测，你的紧张心理也就放松了，疑惑之心慢慢地就淡化了。三是请一个你最信任的人，监督您的行为。每天同时进入一次厨房，以后如果自己怀疑煤气泄露，有了进厨房的念头，就问问最信任的人是不是应该进，人家不同意您进，您就放心吧。慢慢地多疑之心就没有了。

马叔叔：可是那张报纸上说的太可怕了，我的心实在感到累了。

心理专家：其实，怀疑的主要原因是不自信造成的，要相信自己的行为，相信科学技术，不要成为高科技的奴隶。您的眼光要放大，不要总是盯着自己家的厨房，属于自己的生活多着呢。您左右看看，家家都是一样的煤气管道，都是类似的煤气开关，人家没有什么问题，放心大胆去工作，你们家也不会出问题。根据统计，家庭煤气开关，煤气管道出问题的微乎其微。只要主观注意了，就不会发生泄露问题。您老是怀疑自己的行为，总是提心吊胆的，情绪紧张，能不累吗。要轻松起来很容易，走出家门，把厨房的事物交给老伴、孩子，他们会把住安全关的。其实，天下很太平，很多紧张的事情都是人为因素造成的，要理智面对新闻报道，不要人为地搅乱自己的生活。

感悟人生：在现实生活中，老年人比较谨慎，对一些危险的事情比较敏感，思维容易走入极端。当一些危险的信息进入他们的脑海里以后，往往会产生不良的联想，无端地起疑心，使心理负担加重。因此，家人、社会应该充分了解老年人这一特点，平时应该多注意观察老年人言谈举止，更要注意细微的生活起居，特别是当新闻里有刺激性的消息时，更要关心他们的心理动态，发现问题要及时与老人沟通，积极消除老年人的疑惑心理。

老年人要安排好自己的业余文化生活，加强学习，提高辨别是非的能力。自己要相信自己，能正确对待各种意外情况，有警惕性是正确的，但不能疑神疑鬼，给自己心里添堵。要相信现代科学技术，相信产品质量。真没有信心的话，可以建立备忘录，使自己早一天安静下来。记住：相信自己，是快乐的开始。

过于敏感心理

23. 当继父以后

身正不怕影子歪，幸福自己来寻找！

事出有因

今年66岁的肖叔叔单身一人，经邻居热心牵线，与60岁的胡阿姨成立了新家庭。美好的生活才开始几天，肖叔叔竟然没有了笑脸，一脸的愁云，闭口不语，情绪也很低落，高血压病也犯了。究其原因还是出在胡阿姨的孩子身上。前几天，正好是端午节，肖叔叔打电话邀请胡阿姨的孩子来家吃粽子，在电话中听着对方的声音很不耐烦，生硬地说没有功夫吃，也不习惯吃，还要给自己的亲父亲过生日呢。本来想与继子把关系搞融洽，可是吃了一个闭门羹，犹如当头一棒，把他打晕了。肖叔叔武断地认为是孩子故意刁难他，

给他难堪。胡阿姨知道这件事以后，立刻解释说她的前夫真的是端午节的生日，孩子给亲生父亲过生日没有错，不要太敏感。可是，肖叔叔就是过不来这个劲，心里特别别扭。肖叔叔的女儿很理解这件事，劝他不要太在意，可是没有任何效果。肖叔叔异常情况更加严重了，他整日没有笑脸，看着很恐怖。于是，家人赶快请来了心理专家。

快乐交谈

心理专家：您希望家庭幸福，还是希望家庭痛苦呢？

肖叔叔：当然是家庭幸福了，要不我请继子来家过端午节干吗？

心理专家：既然你希望家庭幸福，就要听人劝，你爱人已经告诉你了她前夫的生日就是端午节的，那么继子拒绝您的邀请也是很正常的事。换了我，也会拒绝的。您已经孤单了好多年，现在终于找到了幸福，怎么就因为一句敏感的话，使自己痛苦下去呢？老年人的心胸应该宽广一些，应该更加珍惜幸福。

肖叔叔：可是继子在破坏团结，给我难堪。

心理专家：不要急于上纲上线，应该学会换位思考。也许继子当时工作忙，没有在意自己说话的态度，也许当时他的心情不好，没有考虑成熟就说了出来。其实，团结是互相的，如果您能大人有大量，不对继子的话过于敏感，以宽容的态度原谅继子，理智地对待出现的问题，情绪控制得好，大家会觉得您更伟大，是真正希望团结与获得大家庭幸福的老人。很多时候可以换个角度看问题，也就不存在问题了。一些话听着没有什么，可是您要老是琢磨话的内涵，故意演化出矛盾来，妄加推测，兴许问题就来了，就会觉得难堪了，心理的压力就会增大了。这时如果您不冷静，情绪急躁，做出异常的举动，就会把问题与矛盾激化，造成真正的不团结，甚至引发家庭悲剧。

肖叔叔：您是说我得装着没有听见呀，忍着呀？

心理专家：没有让您装着听不见，也不存在忍不忍的问题。很多矛盾就是因为敏感造成的，不良的心境并不是对方给您的，而是自己强加给自己的。如果您迂回一下，会把复杂的问题变得非常简单，其结果是皆大欢喜，您的威望也就树立起来了。

肖叔叔：还有什么威望呀，吃饭都拒绝我。

心理专家：现在您还是在这个问题上跳不出来。您在当继父之前，就应该明白当好继父不容易，有很多的艺术。思想准备要充分，要以良好健康的心态对待可能发生的任何问题。新的家庭，面对的是新面孔，既要接受继子，又要让继子接受自己。对继子要真诚，当继子家里有事需要帮忙时，要尽全力帮助继子。要有父亲宽广的胸怀，学会容忍孩子的错误和莽撞行为，当然也要有原则性。如果继子拒绝您，您可以告诉他祝愿他的亲父亲生日快乐，甚至可以委托继子送去生日礼物。也可以向继子道歉，说明自己不是故意刺激他，真的不知道是他亲生父亲的生日。您这样的处理方式，我想您的威望就有了。

肖叔叔：嗨，我真不该这么一根筋！

感悟人生：一些老年人成立了新家庭后，继父、继母的角色不知道怎么扮演，心态也不平衡。有时主观上想把大家庭团结起来，结果却恰恰相反。其实，最好的团结就是双方有误会时，坚决不躲避，真诚善意地交换意见，互相改正，达到共识。

老年人在组建新家庭前，应该有充足的思想准备，提高处理复杂事情的能力。为了统一认识，加强互相的了解，可以定期召集双方家庭成员开会，开诚布公地谈话，增强彼此间的感情。记住：远离敏感，快乐就在眼前。

24. 拼命吃减肥药

要对自己有信心，魅力是有内涵的！

事出有因

刚刚62岁的杨阿姨是个社会活跃分子，参加了老年合唱团，最近合唱团要出去参加比赛，准备挑选一个领唱。大家休息时，指挥用余光看了她一眼，说领唱要苗条一些，显得与乐队和谐。说者无心，听者有意。她本来身体并没有发福，很苗条，可是如今却花了许多钱，买来了很多减肥药，拼命地吃。更令人无法理解的是，她买了十几种减肥药物，轮换着吃。为了保持苗条，

还很少吃饭了，人很憔悴，面色也很苍白难看。老伴发现了她的异常情况后，严肃地劝她不能乱吃减肥药，身体已经很苗条了。可是她根本听不进去，继续乱吃减肥药。由于长期营养不良，几次在练歌时出现低血糖，发生暂时休克，大家为她的身体担忧。老伴认为她的问题不是减肥的问题了，可能是心理上出现了异常，就主动把心理专家请进家。

快乐交谈

心理专家：您为什么不顾身体条件去减肥呢？

杨阿姨：我听指挥说要选一个苗条的人担当领唱，我担心身体发福后，选不上领唱。

心理专家：您这是太敏感了，既然您想担当领唱，就可以主动问指挥您的条件合适吗？领唱不单单是身体苗条的问题，还有气质、声音等各方面因素呢。

杨阿姨：我没有想那么多，可是我觉得其他条件都具备了。

心理专家：既然您认为都具备了，适当减肥，保持苗条身材也可以理解。减肥是提倡科学减肥，根据自己的身体情况，运动减肥，而不是拼命吃减肥药，那样会把身体搞坏，出现了本末倒置的结果。其实，我想你们合唱团里适合当领唱的人很多，不一定就选上你。

杨阿姨：我觉得合唱团的领唱这个角色就是我，指挥的余光在暗示我，希望我再苗条点。

心理专家：指挥的余光说明不了什么问题，您对指挥的话过于敏感了，这是武断的推测。您应该主动与指挥谈一次，确认一下是不是选自己作领唱。在没有确切的肯定之前，盲目地以破坏身体健康为代价，乱吃减肥药物，真是有些愚蠢了。人的生命是多么的宝贵，失去领唱的机会，失去其他出彩的机会，又能损失什么呢？可以说都不足惜。最值得我们重视的就是健康与生命。有了健康，生命力就会旺盛，就会感悟到很多幸福与快乐。失去了健康，失去了生命，什么都无从谈起。

杨阿姨：我觉得机会错过了就没有了。

心理专家：其实，人的机会有很多，您都这个年龄了，千万不要有什么幻想。要正确地认识自己，找准自己的定位。领唱就是一个普通的角色，没

有什么特殊的，如果您真的怀才不遇，真正的机会早晚会来的。要把合唱团看作一个快乐的集体，把自己当作最普通的一员融入进去，才能找到真正的快乐。

杨阿姨：看来，我的减肥行为真的有问题。

感悟人生：一些爱面子的老年人对自己的身材、容貌非常关注，特别在意别人对自己身材的评价。对发福了，驼背了，有褶子了等等刺激性的语言很敏感，应该引起社会、家庭的高度重视。

老年人自己要心态平静，学会装糊涂，学会宽容，学会听不见，学会看不着，不要在一些敏感的话上与人家较劲，坦然面对一切，明白衰老是必然的，是自然规律，无人可以逃脱。千万不能为了保持青春，自己虐待自己。记住：生命是第一位的，要对自己有信心，魅力是有内涵的！

固执心理

25. 超强度锻炼身体

科学规律不能违背，生命是有极限的，知道物极必反的道理！

事出有因

金叔叔虽然只有60岁，但是他的身体却不怎么好，糖尿病、高血压、腰椎间盘增生，视力也不好。前不久，去医院取药，听一位70岁的老同志说，他以前身体也不好，就是坚持长跑，什么病都没有了。金叔叔听完老同志的话，看着拥挤的等待取药的病人，烦躁的脑子嗡嗡直响，把取药方子一扔，径直回了家。接着就开始了长跑。当天跑的路途太长，已经超过了5000米，由于没有这么高强度运动过，金叔叔感到头昏脑胀，眼前出现了重影，双腿一软摔到在地，好心的路人将他送进医院，好在没有大的问题，病情稳定以

后，他继续出去跑步。结果由于透支体力，准备活动不充分，又摔在了路边，在马路边昏迷了20分钟，才被人发现送进了医院。经过医生紧急处理，终于转危为安。医生告诉他千万不要再盲目跑步了。可是出院以后，金叔叔仍然坚持跑步，结果因为视力不好，跌进了一个排水坑，摔得很重。儿子耐心地劝他不要跑步了，在附近打太极拳安全，他根本听不进去，还嫌儿子事多，强调长跑好处多。儿子担心他这么固执，还继续长跑，就将心理专家请进了家。

快乐交谈

心理专家：您清楚长跑的目的是什么吗？

金叔叔：健康长寿呀。

心理专家：健康长寿是好事，可是健康长寿不一定非要长跑呀。我认识一位运动健康专家，专家说运动是有利于身体健康的，跑步对健康非常有利，值得提倡。但是运动要根据人体自身条件和情况有选择地进行，如果盲目地选择不适合自己身体状况的运动项目进行锻炼，不仅对身体没有好处，严重时还会对人体造成无法弥补的伤害。特别是老年人，或者是患有某些疾病的人更应该注意，跑步前要听从运动专家的建议，让医生为自己做个全面检查。锻炼绝对要讲究科学，老年人在跑步时，要懂得循序渐进的道理，限制运动量，这样才能真正达到锻炼目的。为了您能健康长寿，千万不要再固执了。有些老年人很偏激，也很固执，结果在盲目的锻炼过程中，突然死亡，教训很深刻。前几年，某单位组织万人长跑，一名老年人在身体条件不允许的情况下，坚持参加，结果在途中猝死。给家人带来了无限的悲伤。

金叔叔：我觉得有点后怕了，真的是固执了，可是没有办法克服呀。

心理专家：这好办，关键是要看自己的决心与勇气，没有克服不了的毛病，就看您有没有毅力。要克服固执心理，一是要加强学习，提高自身修养，培养谦虚谨慎的处事作风。二是克服虚荣心，不隐瞒事实，正确听别人的意见，勇于承认错误。三是自我克制，善于调整，多征求别人的意见，及时修正自己的错误行为。四是要努力学习，不断接受新事物、新思想。

金叔叔：那我就不运动了，什么事情都解决了。

心理专家：您不能从一个极端，走向另外一个极端。生命在于运动，运动还是要进行的，但是要科学运动。首先，在决定进行运动时，必须到医院

进行心脏及身体的检查，虚心听取医生的意见，把运动时间与运动量详细地规划下。其次，目前您的身体情况，最好不要长跑，可以散步、打太极拳。

感悟人生：少数老年人的思维很偏激，认准的事情，就是错了，也听不进大家的劝阻，相反还会固执地认为是大家与他过不去。如果长期发展下去，就会导致固执心理加剧，引发严重后果。面对少数老年人的固执行为，亲人最好不要直接地去指责，更不能简单粗暴地去阻止，一定要详细地了解情况，把问题的来龙去脉弄明白，找出解决问题的关键点，以事实为依据，积极地诱导老年人自己认识到问题的严重性，这样才能从根本上解决问题。

其实，老年人的固执问题并不是几句话就能解决的，需要经过耐心、细致、连续的工作，才可能有效果。记住：做任何事情，科学规律坚决不能违背，生命是有极限的，要知道物极必反的道理！

26. 还是偷着抱狗睡觉

能改变自己的人，才是真正快乐的人！

事出有因

昨天半夜，62岁的蔡叔叔单身一人，半夜因为哮喘病突然发作，被送进了医院，折腾了大半夜，才缓了过来。这是他最近第5次因为哮喘病被送进医院了。蔡叔叔老伴因车祸死亡后，与女儿一起过，平时没有什么爱好，但有一个不好的习惯，晚上睡觉喜欢抱着狗睡觉，否则睡不着。女儿经常对他说，狗身上不干净，绒毛上可能有引起哮喘的过敏源。可蔡叔叔根本听不进去，仍然抱着狗睡觉。出院的第2天，女儿把狗藏在她的房间，可是到了下半夜，狗跑了出来，蔡叔叔满心欢喜地把狗抱进了被窝。也就是半个多小时的时间，突然他感到呼吸十分困难，咽喉像是被什么卡住了似的，浑身痉挛。双手乱舞，把杯子打碎了，声音惊动了女儿，女儿发现蔡叔叔的哮喘病又发作了，赶忙送进医院治疗，医生说还是因为狗引起的，警告他千万不要再抱狗了。接着女儿也苦口婆心地劝说，可是蔡叔叔仍然不接受。没有办法，女儿把心

理专家请进家。

快乐交谈

心理专家：为什么知道问题的严重性，还要抱它呢?

蔡叔叔：我喜欢狗，以前抱习惯了，可能不是狗引起的。

心理专家：您这次犯病与抱狗睡觉有直接的关系，医生已经通过化验证实了。您喜欢狗，爱护动物，说明您有爱心，可是不一定非要抱着呀。狗到处跑，身上、爪子上可能粘上细菌，特别是狗的爪子，在草丛中不知道会踩到什么脏东西，如果消毒不及时，病毒就会带入您的被窝。被窝里的温度很适合细菌及病毒繁殖，您接触到了细菌，就可能犯病。有一个实验资料证实，提取狗毛和狗爪子上的残留物，显微镜下发现有许多肉眼看不见的细菌、致病微生物。以前抱习惯了，没有引起哮喘，说明您以前的免疫功能好，抵抗力强，现在年龄大了，身体素质下降了，出现疾病的机会就多了。既然医生证实了，您就克服一下，身体健康了，比什么都强。

蔡叔叔：可是，没有狗我睡不踏实。

心理专家：其实这是您的心理作用，晚上人一旦睡着了，也就不知道狗在不在怀里了。民间有很多偏方，我说给您给听。您晚饭要少吃饭，睡前听听轻音乐，轻微散步，或者喝杯牛奶，也可以用温水泡脚，很快就会使您入睡的。实在不行，为了弥补没有狗的日子，也可以找一个替代品。

蔡叔叔：什么替代品呀?我这习惯是改不了了。

心理专家：其实，就是一个感觉问题，您到商场买一个非常漂亮的绒毛观赏狗，晚上抱着它，很快就会进入了梦乡。任何习惯都可以改，好的习惯提倡保留，坏的习惯应该坚决改正。改掉坏习惯，主要是考验人的意志品质，看您有没有决心，能不能战胜自己。其实，人的伟大，就是能战胜自己，改变自己的行为。相信您一定能改正。您要好好想想，您养狗为了快乐，可是现在您的身体健康不允许您养狗了，更不允许抱狗睡觉了，您就应以身体为重，及时把狗送人。可以把狗的生活，用摄像机拍摄下来，将来想它的时候，看看录像。

感悟人生：现在退休的老年人很幸福，个人及家庭的生活条件好了，居住条件改善了，社区里免费安装了各种健身器材，饲养各种动物的条件也具备了。一些老年人为了避免孤独，饲养一些动物，这是寻找乐趣的一种途径，没有什么不对的。

在饲养动物时，要注意健康与卫生，尤其是体弱多病的老年人，要特别注意，不要因小失大，养出烦恼与痛苦来。家人、社会要正确引导老年人科学饲养，确保安全，不能固执地按照自己习惯的方式来饲养。记住：能改变自己的人，才是真正快乐的人！

迷信心理

27. 坚持切腹产

好运是靠自身的努力，成功没有捷径！

事出有因

眼看着鼠年就要过去了，听说孙女要生产了，70多岁的张奶奶天天掐指算计生产日。今天早上，她又看着老黄历，掐指算着，还自言自语说：“鼠年来鼠子，一子不如一子；牛年来牛郎，越来越硬朗。孩子属牛好，如果属鼠，老话说就要输了。”说着说着，就神秘地进了孙女的房间，悄悄地告诉孙女，一定要生牛郎，千万不要生鼠子，现在赶快去剖腹产还来得急。孙女满脸微笑，劝她不要太迷信了，自然分娩最好，只要大人孩子健康，生什么都好。张奶奶气得表情立刻严肃起来，闷闷不乐地回到房间，一句话也不说，中午吃饭也不去吃，降血压的药也不吃，散步也不去了。到了晚上电视连续剧也不看了，精神不好，眼圈红肿，看样子是哭了好长时间。儿子感到问题严重了，担心老太太出事，就把心理专家请到了家。

快乐交谈

心理专家：您怎么这么关心属相啊？

张奶奶：老话说，生了鼠，以后干什么都是输。

心理专家：您这是迷信思想，没有任何科学根据。聪明的人类在进化演变过程里，积累了历法知识，规定了运用公历与农历的记年方法。属性的来历是民间的一个传说故事，其实12属相没有神秘的玄机，只是古人为了纪年，而采用的一种寓意的方法，属什么都一样，怎么与以后的命运联系在一起呢。据我所知，很多名人，特别是一些理财高手，属鼠的很多，他们并没有输啊。其实，无论属什么，如果没有知识，没有文化，没有专业技能，没有勇气与魄力，干什么都会输。国外的很多优秀的企业家，人家什么也不属，照样把生意干得那么大。我们国家有几十位企业高手，他们属相很好，有牛、虎、龙，曾经辉煌过一时，但是后来由于经营不善，还是输得精光，甚至进了监狱。您说与属什么有关系吗。

张奶奶：可是，老话还说，老鼠生老鼠，一窝不如一窝。

心理专家：你这是凭空捏造，没有任何根据。我曾经接触过很多属鼠的成功人士，他们的孩子也属鼠，下一代通过努力，在学业上、事业上，超过了父母，生活很幸福，没有任何问题发生。您现在用迷信的思想干扰孙女，会使孙女心情加重，反而不利于胎儿的健康成长，实际上就等于伤害您的孙女和宝宝。

张奶奶：啊，我真的没有想到，可不能动了胎气呀。怎么弥补啊，赶快告诉我呀！

心理专家：弥补的办法非常简单，就是您心情开朗起来，微笑起来，以平常之心看待生“鼠”生“牛”的问题。孙女看见您高兴了，没有心理负担了，她也就开心了，她一愉快，胎儿就健康了。

张奶奶：好，看来我是帮倒忙了，我要赶快快乐起来。

感悟人生：现实生活中，一些老年人，特别关心孩子属什么的问题，他们总是把属什么与命运联系在一起，还荒唐地往坏处想，让人无法理解，应该引起社会和家庭的重视。身边的亲人要经常向他们传递科普知识，提高他们辨别是非的能力。

老年人一定要破除迷信思想，要用现代的眼光看问题，要明白属相只是民间纪年与历法的一个记述形式，没有什么特别的意义，更没有玄机之处，属什么都一样，只要培养好了，都是人才。记住：好运要靠自身的努力，成功没有捷径！

28. 孙子经常生病

要以积极的态度对待问题，不要乱上加乱！

事出有因

最近，62岁史叔叔的孙子总是感冒发烧，三天两头住院治疗，看着孙子的胳臂上插的输液管，心如刀割。他很心疼孙子，可是又没有好办法。回家的路上，他心事重重地考虑着原因，突然看到邻居家加盖了半间新房，看上去比他家的房高半尺，顿时火冒三丈，与邻居评理，说就是因为邻居家的房子高，把他家的风水压住了，孙子才经常发烧的。邻居说他是老封建，故意闹不团结。希望他冷静，不要胡思乱想了。他没有说服邻居，反到受了邻居的气，十分烦躁，马上准备请人把家里的房顶扒掉，重新加高，而且高度一定要超过邻居家半尺，让好风水重新回来。老伴劝他不要迷信了，他根本听不进去。为了防止他的过激行为，老伴把心理专家请进家。

快乐交谈

心理专家：您为什么要扒房顶呀？

史叔叔：为了我的孙子身体健康，现在邻居家新加盖的房子高度超过我家，晦气就来到我孙子身上了，为了保佑孙子，所以要扒房顶，加高房子。

心理专家：你这是胡乱联系，您孙子健康与邻居家房子高低是风马牛不

相及的事，怎么能牵缠到一起呢。邻居家的房子盖高了是他们的自由，你感到晦气，其实是心理作用。医学实践认为，身体健康是有很多条件促成的，遗传基因、营养水平、环境、生活习惯、饮水、卫生保健、科学运动等等。

史叔叔：可是孙子最近经常感冒发烧。

心理专家：经常发烧感冒的儿童很多，不只您孙子一人，有的儿童天生体质弱，只要有一点没有注意，就会感冒发烧。您真的对您孙子好，就要主动请教医生，听医生的意见，但重点应该放在增强抵抗能力上，增加营养，注意休息，积极参加体育锻炼，使体质逐渐增强，才是正确的。如果您只是愚昧地拆房顶，即便真的加高了房子，如果不从增强体质的根本入手，您孙子还会感冒发烧。

史叔叔：看着邻居的高房子，我总觉得晦气。

心理专家：其实，从医学角度来说，发烧也不是坏事，说明您孙子的免疫系统正常，体内的抵抗能力发挥出色。您想想，我们小的时候，不也是经常感冒发烧吗。那时，家长没有恐慌，喝点姜糖水，出点汗就好了。现在，您孙子发烧其实也正常，只是您太在意了，把精力全部关注在孙子身上，所以觉得孙子总感冒发烧。另外，从心理学角度来说，当一个人心情舒畅时，看什么都高兴，都没有反感；如果心情糟糕时，看什么也不顺眼，甚至迁怒于它。您可以好好看看，您家周围的房子，比您家高的、低的肯定都有，如果真的计较，能计较得完吗？

史叔叔：您说的有道理。

感悟人生：一些有传统观念的老年人，一旦遇到倒霉的事，就会联想起封建迷信的东西。有的老年人对邻居家房子的高低问题看得很重，总认为低于邻居家的房子，就要倒霉，风水就没有了，肯定遭厄运，终日惶惶不安，应当引起家人注意，及时发现问题，及时采取措施。同时应该在老年群体中，广泛开展科学教育，开展反封建、反迷活动，使老年人树立正确的世界观，学会辨证唯物地看问题。

老年人自己要放松，不要太在意房子高低的问题，要明白事情的实质。每天想着好日子，心情愉快，才能感到幸福。记住：要以积极的态度对待问题，不要乱上加乱！

婚外恋心理

29. 竟然提出离婚

珍惜现在的爱，才能真正获得快乐！

事出有因

叶叔叔60岁正式退休了，在老同事的鼓动下，来到附近的公园跳交际舞。与蒋阿姨搭伴，跳完第一曲，他的情绪就来了，感到找到了久违的感觉。第二天，他穿得特别整齐，比规定的时间提前一个小时就到了舞场，专门等着他的舞伴蒋阿姨出现。等蒋阿姨到来后，他异常兴奋，主动邀请蒋阿姨跳舞，两人配合得很默契，舞姿越来越优美。时间一长，他就对年轻、漂亮，而且单身一人的52岁的蒋阿姨产生了好感。每天只要看不到蒋阿姨的身影，心里就空落落的。回家对自己的老伴冷冰冰的，嫌弃老伴皱纹多，土气，竟然与老伴分床而睡了。结婚40年了，从来对自己的老伴没有主动殷勤过，可是对蒋阿姨确是殷勤过分了，主动给姜阿姨买好吃的，高级化妆品。除了与蒋阿姨跳舞以外，还偷偷地邀请蒋阿姨看电影，到名胜古迹游玩，慢慢地两人产生了爱情，竟然夜不归宿，隔三差五在蒋阿姨家过夜。纯朴善良的老伴还蒙在鼓里，仍然辛勤地照顾他。突然有一天，老伴听到叶叔叔说要与她离婚，感到莫名其妙。老伴很冷静，问他为什么，只要有理由就离，叶叔叔沉闷不语。儿子、女儿以为他有了心理问题，就请心理专家进了家。

快乐交谈

心理专家：您老伴对您不好吗？

叶叔叔：很好，可是老伴太土气了。

心理专家：您这是不健康的婚外恋心理在作怪，必须及时调整自己的心理状态，立刻终止婚外恋的行为，否则可能会引发家庭解体，甚至出现更为严重的后果。事实上，婚外恋是一种紊乱的婚姻关系，它会导致夫妻关系不

和，放弃对原配偶和子女应尽的义务，使通过法律建立的家庭名存实亡。您与老伴生活了40年，孩子都已长大成人，对家庭、婚姻、道德、责任应该有一个清醒的认识了。老伴土气并不是她的过错，土气不等于人品低下，也不等于不善良，更不能成为你找情人的借口，不负责任地搞婚外恋的理由。我觉得，现在不是您的老伴土气，而是您的思想变化了，您的道德底线崩溃了，脑子里都是腐朽的生活了。

叶叔叔：我真的与老伴没有激情了。

心理专家：进入老年，事实上爱情的激情确实少了，但应该更真实了，更牢固了，更透明了。我要严肃地告诉您，您这是喜新厌旧，脑子里根本就没有了法制与道德观了，思想品德下降。孩子们会怎么看你，邻居们会怎么重新认识您，亲友们您怎么面对，您要好好想一想。现在您说与老伴没有激情了，这就是在亵渎您与老伴40年的爱情。

叶叔叔：好像我与老伴就不知道什么是爱情。

心理专家：您与老伴的结合是在40年前，当时许多人对婚姻、爱情的确没有一个真实的感受，但是你们的爱情是在婚姻后共同生活，彼此照顾，共同养育儿女、共同面对困难与挫折中逐渐形成了，爱情渗透在生活的每个角落，不能说没有爱情。40年的夫妻共同走过来真的不容易，双方一定要珍惜，要对对方怀着感激之情。既然在一条船上，就要同舟共济，在最困难的大风大浪里都闯过来了，现在生活好了，阳光灿烂了，反而不珍惜了，这不是犯糊涂吗。其实，很多把爱情挂在嘴边的人，不一定懂得爱情，不一定珍惜爱情，不一定能使爱情久远，现在的一些年轻人就是例证。爱情不是虚的，是要有实际生活的，不能抛开实际生活谈爱情。现在，您要经常想老伴以前的好处，真心实意地考虑老伴的心情，年轻时老伴没有享受，现在您要让她享受一下，带她出去旅游，带她跳舞，带他听音乐等等，把当年没有条件实现的爱情梦重新寻找回来。

叶叔叔：我真的活糊涂了。

感悟人生：一些数据证实，60—65岁的老年人在婚姻的问题上是个敏感的阶段，很容易出现婚姻危机。这个年龄段的老年人，千万不要放松对自己的要求，始终保持一身正气，保持一颗自然的心，不要觉得新鲜就去尝试，那是火坑、陷阱。学会理解老伴、欣赏老伴，善待老伴、善待自己，自警、自束，严格要求，这样才能保证家庭幸福和谐。

老年人不要认为自己年龄大了，就可以放松要求了，很多爱情出轨，就是因为放松了对自己的要求以后才发生的。要加强修养，并根据家庭的特点，培养多方面的家庭情趣，永葆爱情常青。记住：珍惜现在的爱，才能真正获得快乐！

30. 注重化妆打扮的背后

幸福与痛苦就是一步之遥，要三思而后行啊！

事出有因

今年61多岁的赵阿姨，生活很简单，喜欢散步、唱豫剧，老伴受聘于外地的一家公司，只有她一人守着空房。最近赵阿姨对化妆品、香水的要求变高了，一个月的退休金1500多元，买化妆品、香水要用去500元多元钱。原来是她有了外遇，与一位经常在一起唱豫剧的张叔叔有了感情。张叔叔喜欢她身上淡淡的香水味，还赞美她年轻、脸蛋白嫩，听了情人的赞美之言，赵阿姨心里美滋滋的。由于孩子大了，在外地也已成家了，老伴忙于工作，很少能从外地回来与她聊天，所以心中很寂寞和空虚。正好通过唱歌，遇到了知音，为了保持美丽的容颜，讨情人喜欢，就开始购买各种高级化妆品。一天，女儿从外地回家，母女见面后没有了往日的自然与亲密感，还发现她行为异常，神秘地接听电话，感到问题严重，就把心理专家请进了家。

快乐交谈

心理专家：您是不是感情上遇到了麻烦？

赵阿姨：我有了所爱的人。

心理专家：我觉得您这是错误的念头，也是危险的行为。婚外恋很危险，会把大好的家庭给葬送了，甚至会发生命案。俗话说，“色字头上一把刀，早晚会把你砍一刀。”前不久，一中年男子得知妻子感情出轨后，非常不冷静，一怒之下，用汽油把妻子和妻子的情人烧成重伤，他自己也进了监狱。两个家庭都解体了，受伤的人的心理伤害永远都无法弥补。你是有丈夫之人，夫妻关系在法律上是受到保护的，难道你不知道您的行为不道德吗？您的行为就是在玩火，怎么能这么愚蠢呢。

赵阿姨：可是我很寂寞，觉得以前白活了，与现在的丈夫离婚就是了。

心理专家：您说的太简单了，太把婚姻当成儿戏了。有些人感觉很好，那是因为有距离，但不能在一起生活；有些人虽然没有感觉了，平淡得不能再平淡了，是因为没有距离了，双方彼此已经融为一体了，但是可以长期在一起生活。寂寞是人为造成的，说明您没有找到自己的爱好，没有生活的目标，失去了奋斗的源动力，对家庭也没有了吸引力。您以前在生活困难的时候，就不觉得寂寞，为什么呢？因为你每天有很多事情要做，哺育孩子，照顾丈夫，自己还要工作，没有闲心想其他的问题。现在生活改善了，没有以前紧张了，您应该继续思考家庭生活，把个人的业余生活安排好，珍惜来之不易的幸福家庭，自觉地抵制各种诱惑，立刻停止不健康的婚恋关系，重新调整自己。老伴不在身边，您可以经常打电话给他，也可以去外地看他，顺便游览祖国的大好河山。还可以到外地看孩子，与孩子享受天伦之乐，慢慢地就会感到生活是甜蜜的，红火的，你也就不寂寞了。

赵阿姨：我没有脸了，怎么这么傻呀。

感悟人生：多数老年人对待爱情是能正确看待，也能保持平静，但是少数老年人当感情的闸水涌出以后，对待爱情、家庭、情人就会出现异常心理，其心理状态极其复杂。有些生活空虚的老年人，遇到喜欢的异性，会引发感情冲动，以弥补精神空虚，这一点应该引起社会的关注。

老年人一定要严格要求自己，守住道德的底线，不要让所谓的爱情冲昏了头脑。多注意配偶的行为，善于欣赏原配偶，多关心、多爱护、多交流，以防发生移情，精神出轨，让家庭始终充满温暖与欢乐。记住：幸福与痛苦就是一步之遥，要三思而后行啊！

自责心理

31. 看到孩子家庭困难

放下了，也就快乐了，问题也就解决了一半！

事出有因

61岁的卢叔叔最近心事显得很重，儿子结婚三年，孙子两岁，儿媳妇身体不好，没有工作。当初，儿子不爱学习，他也不知道如何教育孩子，儿子破罐子破摔，至今没有一份稳定的工作，也没有属于自己的事业。现在，儿子家的日子过得很艰苦，住房紧张，孙子经常有病，儿子还好吃懒做，不思进取，混日子思想严重，儿媳妇对儿子很有意见。看到儿子家很困难，卢叔叔的心情十分复杂，感到对不住儿子，对不起孙子，由于当年他自己没有本事，平平常常的，所以没有给儿子、孙子创造好条件。每当想起这些问题，就很伤感，情绪难以控制，很少有笑脸。由于心理郁闷，精神也不好，夜间翻来覆去睡不着；白天萎靡不振，血压也升高了，经常头疼、心慌，觉得生活没有意思。时时刻刻为儿子的家庭生活困难担忧。老伴发现他的行为异常，感到问题很严重，就请心理专家来开导他。

快乐交谈

心理专家：您现在的情绪不好，与儿子有关系吧。

卢叔叔：是的，我觉得很对不起儿子一家，如果我年轻时有本事，给儿子创造好的生活条件，多给儿子留一些钱，现在儿子就不会生活困难了。

心理专家：您怎么能这么想呢？儿子现在生活困难与您没有关系，您老实了一辈子，教给儿子很多做人的道理，儿子已经成家立业，事业如何，怎么生活是他自己的事。现在很多有识之士认为，父母真正给孩子留下的不是财产多少，而是健康的心理，做人的道理。只有孩子明白了做人的道理，孩子才能自己去创造幸福的未来。其实，留给孩子很多钱，并不是什么好事。如果孩子自己没有开创精神，不肯于吃苦，只知道坐吃山空，早晚还会受穷。

有的老年人给孩子留下了很多钱，看上去是爱护孩子了，其实有时会害了孩子。前不久，某地就发生了一起惨痛的血案。一位70岁的老人，把自己祖传下来的黄金分给3个孩子，结果小儿子好吃懒做，赌博成性，在与牌友赌博时，暴露了财富，引来了杀身之祸。所以，给孩子留下钱财不一定是好事，孩子生活的好坏与您没有给他们留下什么，没有任何关系。现在，很多新企业家都是从一穷二白的家庭里走出来的，他们以父母的勤劳一生为荣，以父母的人格魅力来激励自己开创事业，最终实现了人生的价值。

卢叔叔：可是我当初不知道如何教育孩子，我失职啊。

心理专家：您反思自己的过去，认识到教育孩子的重要性，是正确的。但是，孩子目前的情况与您的教育没有直接的关系，以前大环境都一样，很多家庭没有这方面的意识，您给了孩子一个健康的身体，供他上学，并以身作则，没有给孩子带来负面影响，就问心无愧了。现在是海阔凭鱼跃的时代，孩子真的有出息，您拦也拦不住，如果没有出息，自己又不努力，没有远大的志向，你拉也白拉，没有用。您现在为孩子的困难日子着急，可是您的孩子着急吗？

卢叔叔：他一点不急，急死我了。

心理专家：您着急是没有一点用的，只能急坏了自己的身子。关键是要您的孩子着急，孩子知道急了，有了危机感，决定改变生活现状，才能真正起作用。物质上的困难是可改变的，可是如果人的思想困难了，墨守成规不转变，那么什么都无从谈起了。现在政府很关心群众生活，真的困难，政府会帮助解决，如果是自己懒惰成性，那就只有受穷了。现在，最要紧的是激励儿子，让儿子有斗志，认识到混吃等死是懦夫行为，只有死路一条。

卢叔叔：我真的要激励孩子了，我小时候，没有人管，活得也很踏实。

感悟人生：老年人都希望孩子们生活富有，都希望给孩子留下点财产，这也是人之常情。但绝对不能因为没有给孩子留下财产，就有自责之心。其实，你们根本不欠孩子的账。他们应该通过积极的努力，实现人生的价值，给你们带来幸福生活。

老年人应该十分清楚，孩子都有能力，社会给了他们展示才能的机会与舞台，好日子不是你能给他们的，而是需要他们自己创造。记住：放下了，也就快乐了，问题也就解决了一半！

32. 把孩子摔伤了

本来简单的问题，别因为自己的原因搞复杂了！

事出有因

60岁的江阿姨最近痛苦得几乎想到了跳楼，为什么呢？原来，前几天，她好心带孙子去公园玩，孙子一不小心从一个石台阶处摔了下来，胳臂骨折了。宝贝孙子出事以后，全家人可是闹了大地震，儿子、儿媳妇请假看护孩子，个个表情严肃，老伴也十分紧张，唉声叹气地埋怨她不小心。江阿姨的心情十分矛盾，有负罪感，认为自己是罪人，真想代替孙子骨折。经常偷偷地哭泣，还自言自语说什么自己是个废人，不中用了，连孙子也带不好。以前良好的生活习惯彻底改变了，不爱早起了，不爱运动了，不怎么收拾屋子了，也没有了笑声，连话也不多了。儿子担心她想不开，就安慰她不要过于自责，孩子不会有后遗症。她仍然责怪自己，不能原谅自己的过失。于是，儿子请来了心理专家。

快乐交谈

心理专家：您还在为孙子的事内疚吧。

江阿姨：能不内疚吗？我觉得自己是罪人，对不起孙子，无脸见儿子、儿媳妇了。如果我当时注意点，看紧点，兴许就没有事了。

心理专家：您没有注意，造成孙子摔伤，心情难过是可以理解的，但也不应该过分自责。其实，您的本意是希望孙子好，突然的事谁也无法预料。现在，家里因为孙子的事已经够乱了，您更不应给家人造成新的心理压力了。

江阿姨：我怎么给家人造成了心理压力呢？

心理专家：您能这样想一想吗？您是家里的一员，您的心情状况，身体情况，会对全家人产生连锁反应。您的心情不好，儿子、儿媳妇心情肯定比您还难受，老伴也会受到影响，只是他们硬撑着，如果大家都心事重重，好像没有了明天，日子也不过了，那家庭还不解体呀。您的精神萎靡，寻死觅活的，家人的心情就会因您而焦虑，会替您担心。您应该明白呀！

江阿姨：可是我还能笑着面对家人吗？

心理专家：现在不是让您笑，而是让您以积极的行动去面对困难与挫折。你以平静的态度对待这件事，能起到安稳家庭全局的效果。使家庭生活有条不紊，儿子、儿媳妇的心情会缓解，您全力把家庭生活维持好，帮助他们做好饭，处理好家务，他们的心情就好些，会全力照顾孩子，对您孙子恢复身体也有好处。

江阿姨：我的心态真有这么重要吗？

心理专家：真的，您的态度决定了您对孙子的态度。只是一味地自责没有一点用，什么问题也解决不了。日子还得过，用消极的态度去生活，日子就显得特别煎熬，用积极的态度去生活，日子就会显得阳光灿烂。

江阿姨：我担心孩子埋怨我。

心理专家：您的担心是多余的，您也是为孙子好，带孩子去公园没有错。孙子摔伤，令人痛心，可是既然发生了，就不要再沉浸在痛苦的海洋里了。您的孩子很懂事，他们还在安慰您，特别关心您的健康，如果您心情好了，愉快了，恢复了以往的状态，他们还会感谢您。

江阿姨：我真的要振作了。

感悟人生：老年人都爱护孩子，特别爱护隔辈人，真是捧着害怕摔了，含着怕化了。只要您出发点是好的，没有主观的故意，即便出点意外，也是可以原谅的。现在带隔辈人很不容易，心理压力很大，希望老年人自己要尽可能地使自己放松，遇到问题，积极解决，自责是没有任何意义的。

老年人应该清楚自己在整个家庭的地位，您的位置谁也取代不了，所以您的心情会给全家带来极大的影响，应该把负面影响减少到最小，保持乐观的心态，真正起到稳定局面的作用。记住：本来很简单的问题，因为自己的原因搞复杂了，多不值得呀！

放不下心理

33. 没每天着急，血压也高了起来

面对现实，勇敢地应对，哭是没有用的！

事出有因

杜叔叔65岁了，身体特别好，就是性格有些内向。他的儿子离婚了，3岁的孙子由儿媳妇带，他的心情十分沉重，放不下自己喜欢的孙子。最近他听说儿媳妇要带孙子改嫁，杜叔叔一听就着急了，认为孙子小，万一有了后爸，肯定要受罪。每天胡思乱想，脑子里全是孙子的后爸凶狠狠打孙子的画面。于是硬着头皮找到儿媳，希望她不要带孙子再嫁人。儿媳妇说她爱孩子，怎么能让孩子受委屈呢！杜叔叔还是劝说儿媳妇不改嫁，儿媳妇气得与他吵了起来，双方不欢而散。看到儿媳妇没有接受他的建议，回家以后，他情绪激动，坐立不安，见人就说，我的孙子命苦啊，有了后爸就没有好日子了。儿子说如果孩子受委屈，他会找他们理论，甚至使用法律讨回公道，让他不要放心不下。可是，杜叔叔根本听不进去，情绪更加不好了。老伴害怕他想不开，就请来了心理专家。

快乐交谈

心理专家：您对孙子有什么放心不下的，能具体的说说吗？

杜叔叔：担心孙子有了后爸以后受罪。

心理专家：母亲是最爱孩子的，任何爱也比上母亲对孩子的爱。您再爱孙子，能代替母爱吗？根本不可能。实际上您的爱，远不及母亲的爱。您儿媳妇对她的孩子能不爱吗？她改嫁不会以伤害孩子为代价，儿媳妇有思想，会教育好您孙子的。她将来无论嫁到哪里，都不会虐待孩子，更不会允许后爸伤害孩子。

杜叔叔：我看不见孙子，心就悬了起来，每天没着没落的。

心理专家：看不见孙子是正常的，孙子在一天天长大，将来要上学，不可能总在您的视线以内。现在您的生活条件这么好，孙子有他母亲照看，吃、穿、住都会很好，您干吗还要把心悬起来呀。儿媳妇年轻，孙子还小，他们将来的路还长，现在儿媳妇有了新的幸福，其实也是您与孙子的幸福。缺少父爱的孩子对心理健康不利，孙子有了后爸，您应该放心。不要人为地紧张，自己吓唬自己。

杜叔叔：可是，我现在心很乱，不知道怎么办呀？

心理专家：其实，这全是您自己的情绪所导致的，要使自己冷静下来，理智地对待问题，该想的事情要想，不该想的事情，坚决不想，以免增添烦恼。胡思就会导致心乱，心乱就会导致急躁，急躁就会导致行为出现极端。要平和自己的心态，积极培养自己的爱好，牢记健康是根本，快乐是根本。如果您实在放不下，可以经常去看看孙子，真的发现孙子受虐待，可以通过法律手段解决。您现在放不下，实在没有任何意义。

感悟人生：一些老年人对儿媳妇带孩子改嫁的事，非常反感，总是放心不下孙子(孙女)，担心孙子(孙女)受委屈，由于放不下心理严重，心理压力过大，思维会出现异常，有的甚至会引起严重的心理疾患，希望引起人们的关注。亲人要有针对性地进行疏导与安慰工作，把问题解决得越早越好。

个别老年人头脑里还有一些老思想，总认为后爸、后妈不好，所以看到孙子(孙女)有了后爸、后妈以后，心情紧张，严重的还不能够自拔，诱发严重的焦虑心理。老年人自己千万要理智，不要人为地造成心理恐慌，相信母爱是最伟大的，谁也取代不了。记住：面对现实，勇敢地应对问题，哭是没有用的！

34. 儿子正闹离婚

儿子的事情只有他自己能解决，不要越俎代庖！

事出有因

60岁的白阿姨属于多愁善感的老人，她的儿子25岁了，特别老实，不怎

么爱讲话。最近儿子与媳妇正在闹离婚，儿媳妇以性格不和，嫌弃丈夫没有追求、窝囊、不爱讲话、死板为理由，坚决要离婚。

白阿姨苦口婆心地劝儿媳妇，希望能给她一些面子，将来会把家产全部给儿媳妇。儿媳妇说自己对财产不感兴趣，过日子关键是人，还是坚持离婚。看到儿媳妇离婚的态度坚决，白阿姨的心情十分沉重，感到儿子以后的幸福生活就没有了。整夜睡不好觉，动不动就流眼泪，经常自言自语说儿子命苦，将来怎么办呀。儿子却不以为然，说自己生活也没有问题，劝她不要着急。可是白阿姨就是放不下，一天夜里，她怎么也睡不着，急匆匆地穿衣出门，走到儿媳妇的单位宿舍，敲开门以后，竟然给儿媳妇跪下了，哭着说你们好好过日子吧，我来世做牛做马给你。儿媳妇惊诧地看着白阿姨，不知道说什么。最后还是咬牙说一定要离婚，不要再说合了。白阿姨回来以后，情绪低落，经常唉声叹气，为儿子的命运担忧。老伴发现她的问题很严重，就请来了心理专家。

快乐交谈

心理专家：您对儿子什么地方放不下？

白阿姨：我儿子老实，生活能力差，离婚以后，将来怎么活呀！

心理专家：您的思想压力太大了，儿子都大了，有工作，有社会经验，怎么没法活呀，现在这个社会活着还不容易啊。您的儿子老实，不一定是坏事，很多事实证明，不老实的人才容易出事呢。生活能力差，是可以改变的，通过自己的努力，敢于锻炼自己，加强学习，逐渐就会把自己的能力提高上来。

白阿姨：可是，没有了媳妇，一个人生活多苦啊。

心理专家：您的认识有偏差，没有了媳妇只是暂时的，夫妻双方已经没了爱情了，都觉得很痛苦了，那么违心地在一起生活，就等于受罪。早一天离开，也是一种幸福，更是新生活的开始，也是追求幸福的开始。没有了媳妇，你儿子可以深刻地反思以前的行为，认识到自己的问题，提高自己的综合素质，及时改正，会对以后的成长有好处。关于苦的问题有三种认识，一是现在受点苦是好事，可以使人珍惜生活，磨练意志，让人坚毅。二是苦的另外一面就是甜，只有吃过苦的人，才能真正感受到甜。三是苦可以使人清醒，可以激励人去改变，在改变与追求的过程中，其实就提高了自身的素质。

从这三点看，苦有什么不好呢。

白阿姨：真操心啊，儿子不爱说话，以后更不好找媳妇了。

心理专家：您这是没有任何意义的操心，儿子不爱说话是事实，但是不爱说话并不能说没有思想，也不能证明没有能力，很多有才能的成功人士，就是不爱说话。生活中，有时不爱说话还是好事呢。俗话说："言多必失，祸从口出。"从这一点看，不爱说话，也是优点。不爱说话与不好找媳妇没有直接的关系，找媳妇是双方的缘分，只要缘分到了，自然就会有了幸福的爱情。放心吧，现在的年轻人有自己的处事方式，有自己的爱情观，有自己的生存观，不要替他们着急，婚姻的问题是水到渠成的事，急不得。您现在的年岁大了，应该多为自己操点心了，把自己的业余生活安排好，多参加社会活动，让自己的生活丰富多彩，这样您的眼界就开阔了，思维也活跃了，看问题也不僵化了，就能理解现代年轻人的生活观了。

白阿姨：看来我真的太操心了，该为自己的幸福生活考虑了。

感悟人生：老年人对待孩子离婚的问题，千万不要干预过多，只要尽到心，适可而止就可以了。如果总是放心不下，把问题想得很糟糕，只能给自己添堵，使自己的生活受到严重干扰，身心健康也会受到影响。

其实，孩子都已经大了，他们有行为能力，知道自己应该干什么。如果您总是放不下，始终在您的庇护下生活，那么孩子就永远长不大。将来您没有能力庇护了，孩子无法面对现实，最终受罪的还不是您的孩子吗。记住：孩子的事情，只有孩子自己能解决，不要越俎代庖！

怀旧心理

35. 老照片被孩子扔掉以后

与时俱进，笑口才会常开啊！

事出有因

65岁的袁叔叔终于赶上了好时候，老城区搬迁，他家正好划在里面，分到了两套居室，高兴得眉开眼笑。可是没有几天就开始变了，气得面无表情，伤感至极、严重失眠、不思饮食、疏远家人、整日双眉紧锁、闭口不语、不愿意外出，独自把自己关在房间里，甚至产生了跳楼的想法，真是生不如死。孩子们不知道是什么原因，怎么问他也不说。后来，老伴在夜间听见他说梦话，才多少知道了一些事情的原委。原来，在搬家时，孩子们没有注意，随手把他保存多年的老照片扔掉了。他发现保存的老照片不见了，心情十分沉重，批评孩子吧，又怕孩子们不高兴，只能把苦水咽下，自认倒霉。从此，搬迁的喜悦彻底没有了。老伴以为过几天就会好起来，可是十多天过去了，仍然不见他有什么好转，相反还更加严重了，反应也变得迟钝了。由于害怕他想不开，赶忙请来心理专家。

快乐交谈

心理专家：您现在心情不好，能把原因说出来吗？

袁叔叔：非常痛苦，孩子们不珍惜我的老照片，老照片上记录着我的生命历程啊。他们不珍惜我的生命，丢失了，我心里特别难受，觉得活着没有意思了，真是比死还难受。

心理专家：您是注重感情之人，很怀念过去的人生历程，搬家时孩子们没有注意保存照片，丢失了，您着急发火、心情不好完全可以理解。可是，您应该明白一个基本的道理，保存老照片是为了怀念过去，品味现在的幸福，现在老照片既然丢了，无法找回来了，旧的一页就算翻过去了，牢记在心里，

不是更好吗。幸福不是靠消极回忆出来的，而是靠积极感悟出来的，您珍惜了现在，抓住眼前的幸福，就是对老照片的一个积极交代。幸福天天在眼前，每天换个角度去感受，是快乐的一件事。

袁叔叔：我真的高兴不起来。

心理专家：学会忘掉，就会马上高兴起来。想想现在的好日子，现在的好房子，现在的好环境，就会有新的感觉了。快乐既大方又吝啬，你对他大方，它就对您大方；您对它吝啬，它就对您吝啬。不要把烦恼压抑在心中，真的有意见，可以把孩子叫来，认真地批评他们，希望他们以后注意。再说，孩子们也不是故意的，搬家时东西很多，又是老房子，难免会出现问题，希望您能宽容孩子们的过失。如果您现在心情不好，情绪低落，孩子们就会有罪过感，情绪也就不好，把坏情绪带到单位，带到工作中，肯定会出问题。难道您希望孩子再犯错误吗？

袁叔叔：不希望，我只是生气。

心理专家：生气是没有任何意义的，现在我们应该把精力放在过好现在的生活上来，保存照片目的是什么，其实就是为了家庭幸福美满。现在孩子们平安，有事业、有家庭，如果您因为老照片丢失了，一直耿耿于怀，生闷气，影响大家庭与孩子们小家庭的团结，损害了身体，最终会破坏家庭的幸福气氛，再也没有以前的安宁与美好了。您现在不应该生气，要快乐起来，让孩子感到您的心胸是宽广的，是慈祥的老人，您的一举一动会牵动整个家庭的命运啊。

袁叔叔：我真的要振作起来了。

感悟人生：现在的老年人对往事非常怀念，特别是对他们珍藏的书信、照片更是珍惜，有些老年人对于保存多年的书信、照片甚至会看的比生命还重要，年轻人在搬家整理老人的书信和照片时，要倍加爱护，真正从心理上关心他们。

老年人自己也要明白一个道理，无论保存什么，都是为了全家幸福，如果因为丢失老物件，影响了家庭幸福，闹得不团结，就失去了“保存”的真正意义。心爱的东西丢失后，要心态自然一些，能挽回的就挽回，不能挽回的就顺其自然算了。记住：珍惜现在的，才是聪明的。与时俱进，笑口才会常开啊！

36. 古董被打碎以后

现实生活丰富多彩，好日子要自己去品味!

事出有因

许奶奶出身大家庭，特别喜欢老物件，收藏了不少。前几天，淘气的孙子来看许奶奶，一不小心把她心爱的明朝万历年间的一个瓷瓶打坏了，当时许奶奶强忍着怒火，等孙子走后就再也没有了笑脸。每天，看着打碎的瓷片，以泪洗面、感到生活没有任何意思了。饭也不想做了，老伴每天只好凑合着吃。还经常自言自语地说："太可惜了，这是我的陪嫁呀，是传家宝啊，完了！全完了。这是老祖宗保佑我们平安的，保佑全家快乐的，以后我怎么去面见老祖宗啊。"老伴经常安慰她，告诉她不破不立，没有什么好留恋的。明朝的瓷瓶，就是一个物件，没有什么特别的地方，不把它当成宝贝，它就是一钱不值的废物。干吗为了一个破碎的瓷瓶伤心啊。许奶奶根本听不进去，心情反而越来越差，把破碎的瓷片整理好，放在原来的地方，每天看上几个小时。这些天人明显消瘦了，老伴害怕她想不开，赶忙请来心理专家。

快乐交谈

心理专家：您喜欢老物件是为了快乐，还是为了生财呀?

许奶奶：当然是为了快乐呀，我对我的每件物件都有感情，看到我的心爱之物被打破，我真的非常痛苦。

心理专家：您对老物件有感情，可以理解，但是孙子淘气把瓷瓶打破了，您就应该冷静。您如果如此的消沉下去，整天折磨自己，虐待自己，就完全失去了收藏的意义。您始终不能从阴影里走出来，那么就等于把孙子一家人往火海里面推。其实，现在孙子一家人比您还痛苦，因为您的儿子知道您对老物件的感情，知道明朝瓷瓶的实际价值，您的沉重，会令他们更沉重。万一儿子一家人想不开，您更会追悔莫急的。难道您希望儿子与孙子再出点事吗?

许奶奶：我还没有想那么严重的事。

心理专家：您应该想到，您的儿子孝顺您，他看到自己的儿子闯了祸，

让您伤心至极，他就会把怒火发向您孙子，您的孙子还小，心理承受能力几乎没有，后果很严重。既然，您说瓷瓶是您的传家之宝，是保佑您全家快乐与平安的，就要让瓷瓶完成它的使命，继续保佑您的全家。摔破了，对家庭的幸福、快乐、平安没有任何影响，相反通过这件事，更能看到人是最宝贵的财产，您对孩子好，确实超过了对明朝的瓷瓶好，让孩子从心里敬重您。过日子，人是最主要的，任何物件也不能超过人，只要人幸福、安康，就好似家里的老物件都没有了又何妨呀。您现在要做的是冷静，保持温和的心态，就当没有发生这件事。这样孩子的心理压力就小，才不至于造成心理负担。

许阿姨：我爱儿子、孙子，也不希望他们有包袱，可是我现在不知道怎么面对消失的老物件的碎片，看着就伤感。

心理专家：开始时伤感是可以理解的，必竟保存了几十年，有了感情。但是，不要忧愁过度。现在可以换一下环境，离开家里一段时间，到外面散散心；也可以请人把碎片粘接起来，还可以买一个现代仿制品，以满足思念之情。任何烦恼与挫折，靠眼泪与忧伤是没有用的，根本解决不了任何问题。家庭的快乐与幸福就在您的脸上，赶快微笑吧，家庭就有了幸福，快乐的气氛就会充满家庭的各个角落。

许阿姨：我明白该怎么做了。

感悟万千：老年人怀念过去是非常正常的，当发生意外情况，打碎了老年人怀旧的物品以后，亲人要高度重视抚慰工作，及时做好解释工作，使压抑在老年人的心中的怒火释放出来。

受到打击的老年人，自己要把问题看得深刻一些，在老物件、亲人与情感面前，孰轻孰重还是应该有分寸的。切不可丧失理智，丢了西瓜捡芝麻，本末倒置。记住：现实生活丰富多彩，离痛苦越远越好，离快乐越近越好，好日子要自己去品味！

溺爱心理

37. 为了保护孙子与儿子吵闹

好的行动，不一定有好的结果，警惕费力不讨好啊！

事出有因

今年72岁的关大爷，有四个儿子，但是到了下一代，就只有四儿子为他生了一个孙子。他脑子里老思想严重，对孙子格外爱惜和心疼，生怕孙子受一点委屈。孙子已经上5年级了，学校就在家门口，可是每天还亲自接送，给孩子背书包，拿矿泉水和零食，生怕孩子渴着、饿着。平时，孙子要什么给什么，从来不会说不字。儿子与儿媳妇多次告诉关爷爷不要太宠爱孩子了，对孩子成长也不利，关爷爷就是不听，每天仍然十分精心地照顾孙子。一次，学校组织文学夏令营活动，挑选文学好的同学去偏远的地方体验生活。关爷爷一听要去的地方那么远，还可能有毒蛇、蚊子等害虫，吓得他赶紧找学校，告诉老师不想让孙子去体验生活。儿子听说他去学校阻止孙子参加文学创作活动，很生气，就与他理论起来，关爷爷不管儿子怎么说，就是坚决不同意孙子去。晚上饭也不想吃了，人没有精神，呆呆地坐在沙发上发愣。老伴看着俩人吵架，怎么也劝说不了，担心关爷爷想不开，就请来了心理专家帮忙。

快乐交谈

心理专家：您怎么阻拦孙子的正常活动呀？

关爷爷：担心孩子出事，我就一个孙子，还是在家待着保险。

心理专家：您关心孩子的心情可以理解，但是您的关心真的过了头，结果会毁了孩子。现在社会竞争激烈，孩子社会实践对孩子成长很重要，如果您放弃了孙子的这个体验生活的机会，将来再补这一课就很难了，集体活动对于孩子的成长是花钱也买不来的。长辈们不能保护孩子一辈子，越早放开，对孩子的独立成长越有利，襁褓中的孩子是经不起大风大浪的。其实安全与

否跟在什么地方没有关系，谁也不能保证一辈子不出点意外。在外面是有些风险，但不一定就不安全。在家似乎很安全，但不一定就不出事。事情都是辨证的，千万不能定向思维，把自己引入歧途啊。前不久，某地有家人，孩子要去游乐场玩，家长不同意，说那里危险，还是在家看电视安全，结果由于意外，沙发着火了，把孩子烧成重伤。看着被烧伤的孩子，家长后悔地说："早知道如此，去游乐场就安全了。"事实上，安全与危险没有绝对的，都是相对的，不能说在家就安全了。

关爷爷：可是孙子去的地方有毒蛇、毒蚊子。

心理专家：您这么关心孙子的安全，是非常正常的，其实学校比您还关心孩子的安全，想得也比您周到，老师们对出行的安全、健康很重视，挑选技术好的司机，一位老师负责6个孩子的安全，带了随队校医。在当地统一组织活动，整个体验活动有组织、有计划、有管理，学生有自助小组，有安全员，不允许单独活动，因此不会出现任何意外。如果您真的担心孙子的安全，可以给孙子讲解一些野外生存知识，把您的经验传授给他，让他自己具备生存的能力，这才是您应该做的。

关爷爷：我孙子胆子小，我怕他遇到毒蛇吓着。

心理专家：胆子小就要锻炼，越锻炼胆子就越大，谁也不是天生就胆子大的。孩子们长大了，需要自己去认知世界，他们在学校、电视里获得的新知识可能比您还多，不要用老眼光看孙子。您希望孙子长大，还是不长大呀？

关爷爷：当然希望孙子早一天长大啊。

心理专家：既然希望孙子早一天长大，就要从现在开始，立刻放手让孙子去参加社会实践活动，只有孙子自己通过不断地努力，通过辛勤的劳动，换来了丰收的果实，孙子才能感悟到生活的快乐，才能理解生活的另外一面，才能自己独立面对现实的困难，最终战胜困难，真正感受幸福的滋味。靠别人搀扶着，永远没有真正的快乐与幸福。

感悟人生：很多老年人由于不懂得儿童心理学，把爱与溺爱交织在一起，对隔辈人的关爱超过了其他，最终会引发不必要的家庭矛盾，其后果极其严重。有的老年人还因为"爱"过了头，导致心理上的期盼变为"私盼"，心理出现异常，不能够自拔，应该引起家庭、社会、学校和新闻媒体重视。一旦发现老年人言语和行为有失常表现，不要责怪他们，要正确对待，及时地采取措施，正确地加以引导，把问题解决得越早越好。

老年人自己要多学习，开阔眼界，与时俱进，在教育下一代的问题上绝对不能糊涂，更不能把爱演变为害。记住：好的行动，不一定就会有好的结果，警惕费力不讨好啊！

38. 不让女儿干一点活

爱过了头，就会适得其反！

事出有因

60岁刘阿姨很爱自己的女儿，什么也不让女儿干。女儿都23岁了，从来没有做过饭，衣服也没有洗过，不知道柴米油盐怎么买，菜市场的菜多少钱一斤。女儿对自己没有生活能力也很着急，多次主动下厨房，可是刘阿姨非常反对，硬是把她拉出来。星期天女儿主动到菜市场买菜，刘阿姨说菜市场不卫生，小偷多，就是不允许女儿去。家里的被子脏了，女儿准备拆洗，刘阿姨担心女儿的手洗出茧子，怎么也不允许。一次，刘阿姨外出参加社区活动，女儿自己学着做方便面，烧水时没有注意，把手烫伤了。刘阿姨回来后，劈头盖脸地埋怨女儿不该自己做饭，特别自责，心情十分沉重，几天没有笑脸。女儿安慰她，千万不要自责，可是刘阿姨就是不原谅女儿，最近更严重了，任何活动也不参加，生怕没有人给女儿做饭，再出现意外。老伴劝她对女儿不要过于溺爱，要让女儿自己面对生活。可是她就是听不进去，仍然不舍得让女儿干活。为了说服刘阿姨，老伴请来了心理专家。

快乐交谈

心理专家：您这样爱护女儿为了什么呢？

刘阿姨：为了她好，不想让她受罪。现在我能干，把又脏又累的活全部包下来，让女儿轻松一些，我高兴。我吃苦受累习惯了，可是看不下自己的孩子吃苦。再说，现在的条件好了，孩子们应该享福了，哪能还让他们干粗活啊。

心理专家：您的爱心，我是很佩服，但是您的行为却不是爱女儿，而是害女儿。

刘阿姨：我怎么会害女儿呢，我把心给女儿都可以。

心理专家：您先不要激动，为什么这么说呢？因为关心女儿，就要放手让女儿自己去感悟生活。让她早一天"断奶"，就是对她最大的爱。女儿终究要独立面对生活，面对家庭，面对现实，现在您不给她锻炼的机会，把她封闭在甜蜜的罐子里，到时候遇到困难与挫折，您帮不了她，吃苦的还是她。如果她没有心理准备，心理承受能力差，一时无法面对，还可能出现不可挽回的后果。

刘阿姨：有这么严重呢？

心理专家：是的，不是危言耸听，是千真万却。前不久，某地有一个22岁的女士，由于从小受母亲的宠爱，没有受过气，结婚后的第二天，因为一点小事与丈夫闹了矛盾，丈夫骂了她几句，从没有听过骂声的她承受不了，心中委屈到了极点，结果纵身跳下了12层楼。妈妈看着血泊中的女儿，一时无法承受，当即精神失常了。其实，现实生活中由于溺爱，会酿成很多意外的人生悲剧。俗话说："温室里的幼苗强大不了，巢穴里的雏鹰上不了蓝天。"爱有很多种方式，父母要在孩子的事业上多倾注一些爱，让孩子学会坚强地面对困难，养成坚忍不拔地毅力和大无畏地英雄气概，使孩子掌握应对挫折的技巧，成为生活的强者。

刘阿姨：难道母爱错了吗？

心理专家：母爱没有错，母爱是世界上最伟大的爱，任何母亲都爱自己的孩子。但要明白一个浅显的道理，母爱并非溺爱，溺爱是极其危险的行为。溺爱有三大危害，一是可能会使孩子的性格发生异常，孩子长期在溺爱的环境里生长，没有遇到过挫折，事事会以自己为中心，不知道与人相处，不知道爱他人，也不知道怎样去爱他人，几乎没有同情心，长大以后，会造成自己孤立，与人格格不入。二是可能会导致孩子出现"软骨病"，不会自主生活，处处没有主见，事事依赖他人，很难成为有用之材。三是缺乏面对挫折的勇气，自信心也先天不足，干事情时遇到困难，容易打退堂鼓，逃跑主义严重。既然爱孩子，就要适时引导孩子，逐渐使孩子明白做人的道理，清楚现在生活的特点，知道很好地与人相处，懂得劳动是立世之本，建功之基，任何幸

福与成功的取得都离不开辛勤的劳动。现在要勇于放开孩子的手脚，大胆让孩子做工作，做家务，事实上现在该享福的不应该是孩子，而是您自己。

刘阿姨：现在哪还有让女儿干活的呀？

心理专家：任何伟大的人也需要干家务，您的女儿怎么就不能干活呢。干活的人，靠劳动吃饭的人，把自己融入生活的人，在生活中品味快乐的人，才是最伟大的人。一些人过习惯了不劳而获，衣来伸手，饭来张口的日子，他们才是遭人鄙弃的。您的女儿现在有了生活的锻炼，掌握了生存的技能，将来无论遇到什么困难，她都能应对。您的岁数大了，身体也会逐渐衰老下去，按照自然法则，您肯定管不了孩子一辈子，当您真的体力不支，管不了孩子时，孩子再自己面对陌生的一切，已经晚了。

刘阿姨：看来我该放手了。

感悟人生：母亲给孩子的爱是无限的，也是无私的，任何人都要记住伟大的母爱。生活中的母爱千万不要变了味道，变成了溺爱，任何方式的溺爱都是没有好处的，危害无穷，其最终的结果就是害了孩子。

一些老年人对孩子格外重视，生怕孩子受一点委屈，愚蠢地把爱与害混为一体，结果酿成了很多的人间惨剧。这一点要引起重视，清楚为什么爱，怎么才是爱，爱什么，行为与结果要一致起来。记住：爱过了头，就会适得其反！

嫉妒心理

39. 隔壁家的狗太漂亮了

要明白找罪受与找乐子的关系，不要犯糊涂啊！

事出有因

最近也不知道为什么，60岁的高阿姨晚饭溜狗回家后，总是满脸的怒气，而且情绪显得急躁，也不爱看电视了，更不爱与老伴聊天了。夜间睡觉，高阿姨也不如以前安稳了，经常翻身，还说梦话。最明显的是对自己家的狗不怎么热心了，经常打狗、骂狗，不爱给它洗澡了，也不按时喂狗狗吃、喝了。小狗很可怜，经常饿得嗷嗷叫，越叫高阿姨越生气，越生气就越不给它吃的，形成恶性循环了。由于每天心情都不好，她的饭量也变少了，人显得没有了精神，好像老了好几岁。老伴感到吃惊，根本不相信这是真的。于是试探着问高阿姨最近怎么了，可是高阿姨就是不说，只是强调小狗不给她争脸，没有人家的有礼貌，也不如人家的漂亮，还说以后不想去溜狗了。后来，高阿姨的老伴经过打听，明白了事情的来龙去脉。原来，高阿姨每天去溜狗，最近遇到了一个中年女同志也溜狗，那只狗很漂亮，可能经过训练，特别招大家喜欢，而她养的狗显得傻气，遭人冷落。从此，高阿姨就对人家有了意见，不愿意见到那位女同志，更不愿意见到那只漂亮的狗。

快乐交谈

心理专家：您现在的情绪不好，究竟是为什么呀？

高阿姨：就是看见那女的就生气。

心理专家：您这是有嫉妒心，这种气真的不该生，也不值得生。您养狗的目的是图个乐呵，应该平常心，更应该宽心，排除各种干扰才是呀。平静、和平共处、与事无争，是老年人最大的幸福，遛狗能使人心情舒畅，精神爽快，遛狗过程就是感悟生活的过程，学会体验与品味。如果能遇到同样遛狗

的人就是一种缘分了，大家以狗为话题，可以聊很多的内容，由相识到相知，由相知到相融，生活就丰富多彩了。其实，这也是养狗的真谛。如果因为养狗而心情郁闷，因为狗与狗的差距而使自己生嫉妒之心，那就是本末倒置了。

高阿姨：我真的不愿意见到那只漂亮的狗。

心理专家：其实，狗是无辜的，狗是人类的朋友，我们怎么能生狗的气呢？无论是漂亮的还是不漂亮的狗，只要我们养了它，就要以善良之心对待。您看到中年女同志养的狗漂亮，可是还有很多狗更漂亮，那您还能有生不完的气吗，那可真要把身子气坏了。漂亮与不漂亮只是观察角度不一样，有的人还认为您养的狗漂亮呢。换个角度想问题，您看到别人养的狗漂亮，其实也就等于自己养了那只狗，大家在遛狗时，每天可以无偿地观看，甚至可以近距离亲密接触，也是很得意的事。

高阿姨：可是我养的狗真的傻气。

心理专家：您养的狗傻气也不是坏事，很多人还就是喜欢有点傻气，憨态可掬的小狗呢。狗必竟是狗，它的没有思想，绝对不能把它当成人，如果把它当成人，希望它处处听你的，处处按照你的意愿行动，那就不是狗了。肯定地说，世界上根本就没有这样的狗。您现在对狗很严厉，还有轻微虐待之嫌，这就是您的问题了，我们人怎么能与狗较劲呢。养狗很辛苦，有时还很烦人，但是这也是修身养性，磨练人的意志品质的好事。通过细心养狗，可以使自己不空虚，使自己的性子平和，使自己得到快乐，明白人与动物，人与自然的关系，懂得爱动物的意义，会更加感到人生的意义及生命的价值。

高阿姨：可是我真的很不愉快。

心理专家：嫉妒之心是造成烦恼的根源，只要您克服了嫉妒之心，把养狗的问题看明白，不愉快的事很快就过去了。您现在如果一时无法调整出来，可以换换环境，换换爱好，把兴趣转移一下。一是可以暂时不养狗了，委托给人家养，与老伴一起到外面旅游，心境会宽阔起来。二是可以暂时回避去同一地点遛狗，眼不见，心也就不烦了。三是可以开辟更多的爱好，把兴趣点分散，如参加老年人秧歌队，书法会，学着养花、养鱼等等。四是可以主动与那位中年女同志交朋友，换个角度去欣赏那只漂亮的狗，正确对待自己养的狗。如果实在感觉自己的狗别扭，也可以适当地换一只。

高阿姨：我现在的心情好多了。

感悟人生：现实生活中，会遇到很多不如意的事，如何面对就是一个技巧。嫉妒人家，自己生气，就是最不明智的愚蠢之举，这样不但会影响团结，也会使自己的身心受到伤害，严重时还会出现报复等暴力行为，导致悲剧发生。嫉妒就象毒瘤一样，只要有滋生的环境与土壤，就会迅速蔓延，直至使人陷入无法解脱的地步。

一些老年人对一些事情比较敏感，遇到不如意的事，甚至是一点小事，在嫉妒心的作用下，也会使得心情沉重，出现莫名其妙的烦恼，这一点应该引起警觉。记住：要明白找罪受与找乐子的关系，不要犯糊涂啊！

40. 邻居家“车水马龙”

清净是福气，生活中轻松一点不是更好吗？

事出有因

快过年了，本来大家应该高兴，可是61岁的陈叔叔心情特别不好，动不动就发火，脾气变得让老伴难以理解。这几天，本来要买年货了，可是他不爱出屋了，整天关在房间里看电视。以前与邻居很客气，现在见到邻居没有笑脸，一脸严肃，与仇人差不多。老伴买菜、买水果，每天进进出出辛苦地准备着年货，可是他根本不予以理睬。以前很少喝酒，现在每天都要喝闷酒，还经常说一些酒话。从他的酒话里，老伴知道他最近爱发脾气的原因了。原来，他们隔壁住的是某公司的领导，快过年了，天天有车停在他们家，拿着礼品看望。陈叔叔每天散步都能看到，看着送礼的人与邻居家主人热情的样子，有一种失落感，心里很不高兴，十分嫉恨，时不时的还散布邻居家的坏话，诋毁人家。说人家收受贿赂，搞不正之风了。老伴劝他不要往心里去，说平安是福气，可是他就是控制不住脾气。为了让他过好年，老伴把心理专家请来，对他进行心理帮助。

快乐交谈

心理专家：您现在的脾气不好是您心理不平衡造成的，您不平衡在什么地方啊?

陈叔叔：我退休了，以前我也风光过，可是现在邻居家的热闹与自己家的冷清对比，使我产生了一种莫名其妙的烦恼，控制不住。

心理专家：您这是何苦呢，您这是自己找罪受，人到了一定的年龄，心态就会豁达，要能客观地看待周围的任何事。您以前在岗位上风光是正常的，因为人家看的是您的权力，并不一定是您这个人，把这点闹清楚了，什么烦恼、怨恨也就没有了。当您的心态不平衡，出现了嫉妒心理时，对看不顺眼的人与事就会产生讨厌与气愤的念头。

陈叔叔：我以前对邻居家很热情，现在真的很反感。

心理专家：一个人有了嫉妒心理后，会对被嫉妒的人产生一种强烈的恨，需要及时冷静下来。因为，在嫉妒心理支配下，人可能会丧失理智，干出来的事情后果无法预测。对人有意见，可以当面说。干吗要自己生闷气，气坏了身体没有人负责，最后还是您自己受罪。

陈叔叔：我也有忧国忧民的一面，恨邻居收受贿赂，坑国家之财。

心理专家：您的出发点是好的，但是既然恨人家坑国家之财，就可以光明正大的向上级反映问题，拿出有力证据，理直气壮地去揭发坑害国家的蛀虫。国家还鼓励群众监督，提供了举报电话。其实，遇到事情，光生气没有任何用途，只能损伤自己的身体。我觉得这事真没有那么严重，也可以主动到邻居家聊天，把自己的好意与担心委婉地告诉邻居，也是对邻居的关心。我想如果邻居是有素质的领导话，会诚恳地接受您的建议的，甚至还会感谢您。另外，要从人之常情来考虑问题，人都有三亲两故，过年了主动走访一下，也是好事，绝对不是见不得人的坏事。要注意区别对待，不能只是怀疑，更不能无缘无故地产生嫉妒心理。嫉妒是威胁人类心理健康的第一大杀手，它像恶魔一样，不断地袭扰你。粘上了它，就会不停缠绕着你，最终把你毁灭。人在嫉妒心理的影响下，对人对事很可能不能做出正确的判断，出现异常的烦恼，干扰正常的生活。健康的人应该积极克服嫉妒，懂得与人相处的道理，懂得团结的重要意义。

感悟人生：不健康的嫉妒心理一旦产生，就会严重地腐蚀人的心灵，使人变得狭隘，没有理性。嫉妒好比洪水猛兽，任其发展下去，将会把人的一生毁掉。人离不开群体生活，在群体当中，就要有一个良好的心态。看到邻居有好事，应该为邻居高兴。看到邻居家有困难，要积极热心帮助。

老年人平时应该多加强学习，积极与人交流，多参加有意义的群体活动，懂得"群体"二字的分量。把心态放平和，由看不习惯到看得惯，最终到理解。要培养兴趣点，积极地调节业余文化生活，绝对不能把自己封闭起来，自己与自己过不去，要通过努力使业余生活丰富多彩起来。要对自己始终充满信心，相信自己的能力；懂得知足常乐的道理。记住：清净是福气，生活中轻松一点不是更好吗！

盲目消费心理

41. 买东西没有计划

买快乐与买苦恼，自己应该最清楚啊！

事出有因

没有退休时，姚叔叔从来不买东西，居家过日子全部由老伴说了算，他只管每月交钱。退休以后，恰好家门口建了一个大超市，姚叔叔很喜欢到超市闲逛，每当看到有"血本大甩卖"、"买一送一"、"买100返50"、"季节性商品处理"、"挥泪甩卖"、"有奖销售"的宣传广告后，心里就痒痒，本来没有打算买，但为了省几个钱，徘徊了半天，还是买回家。其实，家里也用不上，大部分是放在箱子里储藏起来了。后来，老家来人，只好都给老家人带回去。

有几次，到超市买东西，看到限量抢购的招牌，也不管家里用不用，能不能吃完，排队就买，结果买来一大堆即将过期的食品。害得家人天天赶着吃，真是苦了大家的肚子。还有一次，他看到反季大降价的女式羽绒服，给女儿与老伴各买了一件，女儿与老伴已经有了羽绒服，根本就不需要，闹得

双方很不愉快。看着女儿与老伴不高兴，他也很生气，经常喊累，说自己是操心的命，费力不讨好。老伴多次劝他不要瞎买东西，他就是听不进去，于是请来了心理专家。

快乐交谈

心理专家：您觉得您操心，很累吧。

姚叔叔：真的很累，我的出发点其实是想节约。

心理专家：既然您觉得很累，是不是应该调整一下自己的行为方式呀。您受得累，其实是您做的事大多是徒劳的，无效的，得不到家人认可，回家后得不到肯定，还受到埋怨，心情肯定不好，那肯定会觉得累。一个人如果干了被大家认可的事，被家人赞扬的事，即便再累再苦，也不觉得累，更不觉得委屈，因为您的心情愉快，受到了人家的赞扬。您现在没有计划地买东西，不懂得算帐，更不懂得消费艺术，看似节约了钱，其实由于物品没有马上派上用场，闲置时间过长，就等于浪费。再说，居家过日子，要学会精打细算，学会商量着来，您这样武断地买东西，花去了很多钱，破坏了家庭的整体开支计划，其实也是在浪费。

姚叔叔：我给女儿、老伴买东西，他们不但不高兴，反而对我有意见，我真的不理解。

心理专家：你给老伴与女儿买东西是让她们快乐，既然要让她们快乐，就要买她们需要的，喜欢的东西。东西不在贵贱，只要有意义。您买了处理的东西，而她们现在又真的不需要，您想一想，她们能高兴吗？对你有意见是合情合理的，她们对您有意见，并不是买东西本身，而是您乱花钱了。给人买东西是有讲究的，绝对不能乱买。您现在可以试着改变自己，把精力由逛超市，转移到修身养性上来。每天可以到公园散步、爬山、练习剑术、跑步、棋牌活动、书画练习、摄影等等，把家务的大权继续交给老伴，因为老伴过日子比你有经验，这样钱可以集中使用，也不会令老伴生气，你更会一身轻松，何乐而不为呢。

姚叔叔：我想分担些老伴的劳累。

心理专家：您的想法很正确，可是有时会好心办坏事，无形中添乱子。分担老伴的劳累可以有几种方式，要选择适合自己的。如，自己不擅长操持

家务，就不要在这上面下手了；自己不会做饭，您偏要争着做，可能造成老伴的担心；您不会理财，就要把钱全部上交，由老伴来负责支出，情况就会非常好。您这也想帮老伴，那也想帮老伴，结果什么也帮不上，而且帮得一塌糊涂，适得其反。

吴阿姨：您说的话，我感到真有益。

感悟人生：其实，现在物质很丰富，谁家也不缺东西。平时买东西应该以实用、够用为宜，不能把家当成物品储存仓库，更不能成为物品的累赘。东西在精，而不在多，多了不但无益，反而会使人感到厌烦。

现在一些老年人由于没有健全的消费心理，在各种诱惑信息的引导下，会毫不顾忌地买东西，造成实际上的浪费。这个问题应该引起老年人的高度重视。老年人应该加强学习，提高分析问题的能力，理智消费。记住：同样是花钱，但您是买快乐，还是买苦恼呢？自己应该最清楚啊！

42. 就爱买降价、处理的蔬菜

会买的不如会卖的，要学会真正的精明啊！

事出有因

今天下午，67岁的吴阿姨因为买处理的蔬菜又与老伴闹了矛盾，吵得很激烈，气得她晚饭也没有吃好。平时老伴对她买处理蔬菜、降价的东西十分反感，经常劝她不要买处理、降价的蔬菜。儿子、女儿也对她买处理蔬菜，买降价的东西有意见，经常与她发生争吵。可是，吴阿姨就是改不了，仍然我行我素。她对买处理蔬菜和降价的东西特别有兴趣，每天下午到菜市场转悠大半天，买来一大堆不新鲜的蔬菜，很辛苦地拎回家，顾不上休息立刻摘菜，最后基本上扔掉一大半。时令季节，还买来一些不新鲜的处理海鲜产品，让家里人吃起来很不放心。有几次，还因为买的降价死螃蟹，害得全家人闹肚子，儿子住进了医院，花了许多医疗费，还耽误了工作。女儿好几天胃不舒服。女儿看到妈妈每天买处理蔬菜，又花费大量的时间摘菜很辛苦，很替她着急，于是请来了心理专家。

快乐交谈

心理专家：您出于什么目的买降价的东西呀？

吴阿姨：就是为了省点钱，我们都是吃过苦的人，知道一分钱都来之不易呀。

心理专家：您的出发点是好的，注重勤俭节约，身上还保留着中华民族的传统美德，实在令人敬佩。但是，您也要学会算帐，明白节俭与浪费、健康与节俭的关系。您买了新鲜的蔬菜，价格虽然贵了一些，但吃起来放心，营养能被人吸收。如果您贪图便宜，买了很多处理蔬菜，回家后经过整理，需要扔掉一半，甚至一大半，其实价格也就提高了。还有，不新鲜的蔬菜，如果有部分腐烂，会带有许多病菌与病毒，容易把家里污染了，也会影响身体健康。蔬菜本身由于部分腐烂，会把剩余不腐烂的部分给污染了，如果加工不透彻，也容易造成食物中毒。一旦生病住院，又会花去大量的医疗费用，还耽误工作。从这一点对比来看浪费与节约的话，您觉得哪个更节约呢？

吴阿姨：可是我还是觉得新鲜蔬菜价格贵，买处理的蔬菜心理能平衡一些。

心理专家：心理平衡不应该建立在蔬菜的价格上，而应该建立在蔬菜的质量与新鲜程度上。俗话说："宁吃鲜菜二两，不吃蔫菜半斤。"现在的生活条件好了，新鲜蔬菜的价格我们平常百姓都可以接受，并不是贵得离谱。您要适着调整自己的平衡点，把平衡点放在蔬菜质量的好坏上，每天为买到新鲜、质量好的蔬菜而高兴。因为吃了这样的蔬菜，就可以让老伴、儿子、女儿的身体健康有保证，全家人的身体健康了，您不就心理平衡了吗。如果为了节约几个钱，让全家人身体健康没有保证，甚至造成严重的后果，是多么不值得呀。

吴阿姨：有这么严重啊？

心理专家：是的，在吃的问题上绝对不能掉以轻心，吃了已经腐烂的蔬菜及食品，或者吃了没有加工好的，已经被污染的蔬菜及食品，会严重损害人体健康。去年，某地有三位年轻人，在街头小贩的摊点处买了许多处理的死螃蟹，回家后又没有严格加工，结果三人全部食物中毒，其中一人中毒严重，没有抢救过来。还有一个深刻的例子，王老太太一家人喜欢吃自己腌制的辣椒。由于王老太太买来的辣椒是降价处理的，在腌制前，一些辣椒就已经腐烂变质，结果全家人吃完腌好的辣椒后，全部出现过敏症状，全身起红

疙瘩，奇痒无比。女儿更为严重，全身红肿，面部也全是红疙瘩，无法出门上班，心理受到了严重的打击，性格也变得异常了。像这样惨痛的事例有很多，在吃的问题上千万不能掉以轻心呀。现在一些人经常会犯一些愚蠢的错误，不懂得吃是人生存的根本大计，也从不把吃的问题摆在重要的地位，好像一谈吃，就是腐败，就是浪费，就是忘本，其实不然。我们应该好好想想，一家人辛苦劳动，不就是为了生活得更好吗，而生活好的第一标志就是吃得好。钱多了，本来要追求健康，但却因为几毛钱的问题，使人吃出病来，影响了健康，真是太不值得了。

吴阿姨：我觉得人不应该追求吃呀。

心理专家：追求吃与讲究吃是两回事，人的确不能追求吃，腐朽的生活方式是令人鄙夷的，但一定要讲究吃，讲究吃是对自己的生命负责，能使人的生命质量得到保证，有精力干更多的事。传统中医特别强调吃的作用，因为许多食物都有药用价值，能治病防病。所以中医认为，合理地吃，能使人健康，使人百病不侵，使人长寿快乐。现在很多有素质、开明的老年人把精力用在吃上，舍得花钱，注重吃精、吃细、吃粗、吃鲜，合理搭配，平衡营养，有效地预防了糖尿病、高血压及其他老年病的发生，是明智之举。这些钱花得值，花在了刀刃上。从节约医药费，提高生命质量上来说，更是一种高层次的节约呀。

吴阿姨：您这么一说，我真的开窍了。

感悟人生：节约是有前提的，如果是为了节约而节约，不考虑其他后果，那就失去了节约的根本目的。在买蔬菜及食品的问题上，要学会聪明地算帐，要把健康放在第一位，这是坚决不能含糊的事。千万不能以损害身体健康为代价，去谈节约，这就本末倒置了。

现实生活中，一些老年人在大钱的问题上不含糊，资助孩子买房，给孙子零花钱非常大方，可是在小钱的问题上却斤斤计较，宁可买便宜几分钱的处理蔬菜，也不舍得多花几分钱，买新鲜的好蔬菜。这一点，老年人应该仔细反思，改变传统的节约观念，明白吃出健康的道理，在吃的问题上不要刻意地去节约了。记住：会买的不如会卖的，要学会真正的精明啊！

赌博心理

43. 已经不是输赢的问题了

赌博是罪恶之船，千万不要上船啊！

事出有因

周阿姨退休好几年了，今年刚好60岁，没有什么特别的爱好，平淡地过着日子，但也很快乐，很悠闲自在。一天，买菜的路上碰到几个老邻居，在邻居们的热情邀请下，她走进了张大妈家，与姐妹们玩起了一种古老的赌博游戏。具体地规则是：老虎、棍子与虫子，谁要是被吃掉的下家，就算输。输赢也不大，就是几角钱的事。由于，周阿姨以前没有玩过，每次总是输几角钱，就是因为这几角钱，让她心中产生了从来没有的烦恼。其实，她家不缺钱，丈夫没有退休，还是一家公司的副总，每月有5000多元的收入，足够用了。现在，她每天心情显得很沉重，没有了以前的平静与快乐，越想越觉得窝囊，做饭也心不在焉，丈夫与儿子都说不如以前的菜香甜了。晚上，最喜欢的电视剧也看得不投入了，好像有什么心事。以前，经常与丈夫外出散步，现在丈夫邀请她去散步，她也没有积极性了。平时也不爱收拾家务了，家里显得很凌乱。以前从来没有对丈夫闹过脾气，现在却经常使性子，发脾气。丈夫感到很吃惊，劝她平静一些，可是她的脾气变得越来越坏了。儿子很关心她，把心理专家请进家。

快乐交谈

心理专家：您以前脾气好，非常温和，现在为什么变的情绪不稳定啊？

周阿姨：我也说不清楚，可能与玩游戏输几块钱有关系。

心理专家：您玩游戏是想赚钱，还是想开心呢？

周阿姨：就是想开心了。

心理专家：如果是想开心，您就不要参与任何有关钱输赢有关的活动。

无论玩大玩小，是赢是输，您肯定不会开心愉快的。其实，您并不缺钱，几块钱对您无关紧要，但是不要忘了，您是一位传统勤俭之人，真的因为好奇心，一时糊涂，玩与钱有关的游戏输了钱，您的心情肯定会不平衡起来，自责感加剧，导致您的性格急躁，情绪不稳。您现在一定要冷静，千万不要参与钱有关的游戏活动，因为您的心理承受能力不够。继续玩下去，会使自己陷入泥潭，最终不能自拔，不仅会危害身体健康，还会影响夫妻关系，造成家庭矛盾重重，使家庭陷入无限的苦恼与郁闷之中。另外，还会造成邻里关系紧张，无论是谁输了，心情都不好，平时低头不见抬头见的，以后不好相处。您既然想开心，可是现在您的行为令你痛心，这是输钱买罪受，多么地不划算啊。

周阿姨：我没有想这么多。

心理专家：没有想这么多，现在知道了自己的烦恼与情绪急躁，是因玩与钱有关系的游戏造成的，赶快停止还来得及。您虽然玩的钱不大，但可以看出，您已经被游戏拖下水了，可能在您不知不觉中，对带有赌博性质的游戏有了瘾，惯性的作用，会使您刹不住车。现实生活中，有很多惨痛的教训可以证明这一点。前不久，某小区发生了一起上吊自杀的严重事件。起因很简单，就是因为赵奶奶与人家玩抓鳖的赌博游戏，总共输了12元钱，回家后怎么也想不开，最后竟然在卫生间里上吊了。有些人总觉得赌得钱少，不算什么，可是有的人心事重，真的输不起，千万要警惕啊。其实，想开心的方式多着呢，干吗要参与这类游戏呢。可以让孩子带你去爬山，到博物馆参观，听听音乐会，也可以发挥自己的特长，为社会贡献余热。

周阿姨：我是财迷心窍了，怎么能参与赌博呢。

感悟人生：任何带有赌博色彩的娱乐活动，都不会让人真正快乐起来，只会使人越来越苦恼，甚至造成严重的心理压力，引发惨痛的后果。很多实证明，人只要一沾染上“赌”字，心态就会慢慢地发生变化，使人出现自私、爱计较、人情味逐渐淡化，慢慢地也就会对家庭失去兴趣，最终是众叛亲离，凄惨万分。

有些老年人出于好奇心，在别人的邀请下，逐渐与“赌”有了密切的关系，最终不能自拔，把大好的生活全部葬送掉，很悲哀。这一点，家人、社会及老年人自己都要认真对待，科学安排好自己的业余生活，努力创造条件，使自己健康、积极地参与各种有意义的娱乐活动。记住：开心与“赌”是完全对立的，建立在“赌”字上的开心是不长久的，是没有生命力的。赌博是罪恶之船，痛苦之舟，苦恼之仓，千万要远离啊！

44. 自认为是象棋高手

自得其乐，远离骗局！

事出有因

66岁的郭叔叔特别喜欢下象棋，在小区里没有人能胜过他。一天，他遛弯的途中，发现一个中年人在街头摆了一盘残棋局，而且叫喊着“谁敢下，胜者拿走100元，输者放下50元。”郭叔叔看见残棋局，心里很不服气，也没有仔细研究招数，就匆忙应战，结果当下到第5步时，被设局者逼得走投无路，只好认输，无奈之下交出了50元钱。回家后，越想越生气，觉得不该输，饭也吃不下，一直喝着闷酒，眼睛直直的，很吓人。第二天，向老伴要了50元钱，匆匆忙忙地又去街头找中年人下残局去了。结果不但没有赢，没到20分钟，接连输了三盘，还欠了中年人100元，他感到很没有面子，耷拉着脑袋回家了。晚上没有合眼，整整看了一夜的残局棋谱，还画了许多草图。天一亮，就向老伴要了100元钱，没有吃早饭，直奔街头找中年人下棋。双方相持了大半天，结果郭叔叔少算了一步棋，还是输了。郭叔叔心情十分郁闷，面无表情，闭口无语，感到胸口像堵了一块大石头，压得难受。回到家，他拿起象棋残局棋谱，咬牙切齿地看着，老伴喊他吃饭，他理也不理，继续看棋谱，准备明天继续挑战。晚上，郭叔叔又向老伴要钱，老伴感到莫名其妙，问他这几天总要钱干什么，他闭口不说。见老伴不给，就与老伴大吵一架，偷偷地向女儿要，女儿感到他最近神神秘秘的，行为有些异常，害怕他出什么事，

就把心理专家请进家。

快乐交谈

心理专家：你为什么与老伴吵架啊？

郭叔叔：要点钱，把我下棋损失的钱赢回来。

心理专家：告诉您说吧，街头摆象棋残局的人都是骗子，是诱您上圈套的，人家把棋局都研究透了，无论您怎么走，最终还是您输，绝对不要上贼船啊。俗话说的好："会赌的不如设局的"，头脑一定要清楚啊。如果您执迷不悟的话，只能越陷越深，一旦您真的陷进去不能自拔，其结果有三个：一是影响身体健康，如果输钱了，您会心中郁闷，烦躁不安，造成心理压力增大，久而久之，就会出现心理异常，导致精神疾病的发生。而且赌博耗费时间，会打乱正常的生活与睡眠，使人的机体免疫功能下降，容易引发各类疾病。二是容易引发犯罪，学会撒谎、欺骗，使人精神颓废，失去做人尊严，有时为了一时的快乐，甚至铤而走险，抢劫、杀人，成了可耻的罪人。三是影响家庭团结，造成夫妻关系紧张，甚至离异。

郭叔叔：我就是最后一次，这次应该获胜，把本赢回来，就不去下残局了。

心理专家：看来您已经上瘾了，很多赌徒都是这么说。可是他们根本不知道，他们说的最后一次，却又是下一个最后一次的开始。赌博是旧社会遗留下来的恶习，像抽大烟一样，在不知不觉中，让您上瘾，使您总是抱着一种最后一次的幻想，一直赌下去，直至赌得倾家荡产，家破人亡，到那时您悔改也晚了。

郭叔叔：没有您说的那么严重吧，我只是小打小闹，不会陷进去的。

心理专家：很多大的祸端，都是由小的事情积累起来的。去年，一位刚刚退休的老同志，本来身体很好，家庭也很和睦，因为人家打麻将三缺一，临时找他替一下，这一替不要紧，把他的魂儿勾进去了。每天把打麻将当成了职业，不分昼夜地打，有时连续打几天几夜，睡眠严重不足。终于有一天的清晨，他刚刚离开麻将桌子，就倒在了卫生间里，当即死亡。老伴闻此噩耗，顿时突发脑溢血，被紧急送进了医院，成了植物人。千万不要认为是小打小闹，有一句话说得好："务以恶小而为之"，小恶不断，终积大恶，这是无数个血的教训告诉人们的呀。

郭叔叔：可是我输了钱，真的不甘心啊。

心理专家：输钱未必是坏事，这是给你敲响了的警钟，让你赶快悬崖勒马。如果你不甘心，执意去赌，最终会不可自拔。为了您美好的晚年，现在您要痛下决心，再也不要去幻想下一次了。要有社会责任感，有法律意识，可以勇敢地向派出所报案，请民警来处理这个街头骗子。要过好积极健康的晚年生活，根据自己的身体情况，与老伴一起参加有意义的社会活动，比如一起到外面旅游，欣赏祖国的大好河山。要老有所为，把自己的特长发挥出来，为社会做出应有的贡献。要给后人做榜样，您的孩子都大了，您的行为对他们影响很大，如果您一身正气，品德优良，对孩子也是个很好的教育。

郭叔叔：看来，我真的要悬崖勒马了。

感悟人生：老话说："十赌九输，九输九盗。"一些老年人之所以容易参与赌博，是因为没有积极健康的业余文化生活，无所事事，空虚所致。还有的老年人是出于侥幸心理，想捞点外快，认为不捞白不捞，逐渐就上了贼船。无论是出于什么原因，绝对要立刻改正，远离赌博。家人、社会应认真关注老年人的业余生活问题，积极创造条件，让他们有地方乐，有地方玩，有地方唱，有地方跳，有地方锻炼身体。老年人自己也要严格要求自己，努力克制自己，给后人做个好榜样。记住：生活是丰富多彩的，条件是自己创造的，要自得其乐，远离骗局！

牢骚心理

45. 经常说一些不利于安定团结的话

与世无争，海阔天空，逍遥自在啊！

事出有因

昨天晚上，62岁的洪阿姨又因为一句牢骚话，把儿媳妇气回了娘家。儿子忍辱负重地去接，这次媳妇说什么也不回来了，并且向丈夫提出了离婚的要求。离婚的原因很简单：无法忍受洪阿姨针对她的牢骚话。比如，儿媳妇回家晚了，洪阿姨肯定会说："真有福气，下班不回家，到外面享福去了，我们年轻时可没有这种待遇啊。"到了星期日，如果儿媳妇睡懒觉，她就会在客厅里说："太阳都晒到床上了，真能睡得着啊！"儿媳妇喜欢户外运动，只要儿媳妇一出门，洪阿姨准保说："平时忙，顾不上干家务，休息了，还外出玩，把家务留给婆婆干，真好意思。"儿媳妇的身材苗条，当姑娘时穿衣服很时尚，现在如果穿一些时尚的服装，洪阿姨就会说："都结婚了，还疯子似的，真不像话，我们家是传统家庭，要注意影响。"如果儿子出门时的衣服不整洁了，洪阿姨不说儿子懒惰，却说儿媳妇对丈夫不关心，让丈夫出门没有面子。平时，只要儿媳妇的手机铃声一响，洪阿姨就会嘟囔起来："怎么这么多的事情呀，到家了也不消停，真不让人放心。"可是如果是儿子的手机响，她绝对不嘟囔闲话。儿媳妇喜欢看电影，星期天经常外出看电影，她就开始发牢骚："就知道花钱享受，哪知道过日子啊。"由于，洪阿姨经常在邻居、亲友间发儿媳妇的牢骚，使得儿媳妇在众人面前很没有面子，儿媳妇不好意思与婆婆直接发生"战争"，就把怨气与不满全部倾泄到丈夫身上，闹得夫妻矛盾重重，几次出现感情危机。洪阿姨的丈夫觉得洪阿姨做的有些过分，多次劝说她少发牢骚，少说不利于团结的话，可是洪阿姨根本就听不进去。这次，儿媳妇提出了离婚的要求，儿子感到问题严重了，就把心理专家请进家，希望洪阿姨能改掉爱发牢骚的习惯。

快乐交谈

心理专家：您究竟怎么看儿媳妇呢？是不是真的对儿媳妇有意见。

洪阿姨：我也没有什么具体的看法，也没有什么意见，可是也不知道为什么，看到儿媳妇的行为不符合我的意愿，不如我年轻时做儿媳妇的样子，就想发几句牢骚，唠叨几句，就觉得有了长辈的尊严。另外，还担心我儿子受气、吃亏，也有敲打儿媳妇的意思。

心理专家：您勤俭持家了一辈子，为家庭做出了巨大贡献，真是一位吃

苦耐劳的母亲，但恕我直言，真的不能说是优秀母亲，更不能说您是位好母亲。千万别生气，为什么这么说呢？您既然为了儿子好，担心儿子受气，可是您的行为真的造成了儿子受窝囊气，造成儿子与儿媳妇关系紧张，发展下去甚至会出现家庭破裂。想一想，是对儿子好，还是对儿子不好呢？现在的年轻人有自己的思想，与您年轻时的追求也不一样了，两辈人对待事物的看法也有很大的差异。您认为是对的，他们可能认为是错误的；您认为是不合适的，他们可能认为很合适；您认为是无情的，他们可能认为是最正常不过的事情。所以不能用您的标准来作为儿媳妇的行为准则。

洪阿姨：我看不习惯儿媳妇打手机，穿暴露的衣服，担心儿子管不住儿媳妇，将来受罪。

心理专家：您的守旧思想太严重了，现在年轻人的交往多，工作节奏快，工作时间也没有8小时以内，8小时以外的区别，看看电影，接听手机、外出运动都是正常的，没有一点过分的地方。再有，适当穿一些时尚的衣服，一能体现人的精神面貌，二能更好地展示自己的美，三能增进夫妻间的感情，根本不存在疯不疯的问题，哪能像您年轻时那样，一身蓝衣服从年初穿到年终呢。现代人追求的是生活质量，要求的是生活品味，仔细想一下，人奋斗了半天，不就是希望生活得好一点吗？现在儿子与儿媳妇追求好生活，您却百般阻拦，是在破坏孩子们的幸福。孩子们都大了，都能独立生活了，都有事业，都能把握好自己的前程。我想，您应该为他们高兴，怎么还不放心呢，还到处说不利于安定团结的话，实在太不应该了。至于担心儿子管不住媳妇，您就有些瞎操心了，儿子与儿媳妇既然能走到一起，就说明他们相互是爱慕和尊重的，夫妻间为什么还要谁管谁呢？现在男女平等，互相尊重，家庭民主，是现代家庭的大趋势。再说，即便真的儿子让媳妇管也不是坏事，女人当家的多了。

洪阿姨：我发牢骚也是为孩子好，怎么会闹出不团结的结果呢？

心理专家：您真的活得很累，陈旧的东西太多了，该放下就放下，不要再刻意地为孩子的事操心了，有时出发点是好的，但结果会适得其反。真正聪明的做法是，对儿子好，对儿媳妇更要好，甚至比亲闺女还要好，这样才能使儿子的小家庭幸福。

洪阿姨：我真的要破旧立新了。

感悟人生：发牢骚，场合不合适，对象又选择错了，会把您的缺点暴露无遗。会给人造成一种不良的印象，使人认为您是小肚鸡肠，非常苛刻，不好交流，生活中谁愿意与这样的人交往呢？其实，无原则地发牢骚，不能解决任何问题，只能使人际关系紧张，把矛盾引向激烈，甚至还可能导致不可逆转的悲剧发生。

喜欢发牢骚、唠叨的老年人，一定要有意识地管住自己，待人宽容一些，不要什么都看不顺眼。换位考虑一下，青年人可能还有许多地方看不惯您呢。发牢骚成习惯了，说明您的心理不健康了，要赶快调整自己的心理状态，使自己的心平静下来。记住：要有宽广的胸怀，与世无争，才能海阔天空，逍遥自在地享受晚年生活！

46. 总觉得自己干的多了

快乐需要积累，不要让自己说没有了！

事出有因

63岁的马阿姨最近与家人的关系紧张，老伴不爱搭理她，儿子也气得不怎么回家吃饭了，女儿更狠心，连家也不怎么回了。为什么呢？她自己也说不清楚，就是觉得没有快乐了。一天到晚地干家务，照顾这个，惦记那个，儿媳妇生孩子她要照顾；老家来人了，她要接待吃、穿、住；女儿谈男朋友的事，她着急又操心；公公、婆婆都健在，她还要经常去看望；自己的爸爸、妈妈生病了，她要去伺候，家里没有人帮她，也没有人理解她，连一句安慰的话也没有给过她，使她感到很累，也很无奈，总觉得有一肚子委屈无处诉说，无名的烦恼天天积聚在心里，让她焦躁不安。于是，嘴就开始唠叨了，干活时唠叨这个懒惰，批评那个没有眼力劲，看到儿子只顾自己的小家，就说儿子自私，没有男人的骨气；看到女儿对丈夫百依百顺，说女儿窝囊，当不了丈夫的家；看到老伴每天无所事事，说老伴没有出息，一辈子嫁给他真后悔；看望公公、婆婆回来后，说自己命苦、瞎操心，伺候完父母后，说别人是白眼狼，只有他孝顺父母；洗衣服时，说孩子们不帮忙，不知道帮助她

干活，没有孝心等等。一天到晚唠叨起来没完，家里人都烦了。老伴劝她不要发牢骚了，干了就干了，不想干就不要干，看看电视，到公园散散心，可是她根本听不进去，仍然是老样子。孩子们其实也很心疼她，经常劝她不要硬撑着干活了，现在身体不如以前好了，年岁也大了，该放弃的就要放弃了，只要心尽到了就可以了，不要一天到晚总是愁眉苦脸的，闹得大家心情都紧张。马阿姨气得说孩子们没有良心，孩子与她理论，说她不开化，是受苦的命，气得马阿姨更是牢骚满腹，大呼世道变了，人也变的看不懂了，活着实在太累了！

快乐交谈

心理专家：您不快乐的根本原因是什么，您清楚吗？

马阿姨：为了让别人生活好，干得多，却没有人理解我，连一句温暖的话也没有，真令我心寒。

心理专家：您为了他人生活好，这么辛劳，真是让人敬佩。但是，您应该仔细考虑一下，您既然出发点是为了他人生活好，那么在干家务时，就应该心平气和，无怨无悔，这样家人才会对您的劳动产生感激之情。其实，您干家务多，操心的地方多，大家都会看在眼里，记在心上的，您不说就更显出您的伟大了。有时候，您干的多了，但是如果您不分场合、时间、地点与对象，随意发牢骚，很可能把事情弄糟糕，反倒引起人家的反感，激怒别人，让人家由感激您转变为反对您，怨恨您。

马阿姨：啊！怎么会有这种结果呢。其实，我发牢骚，爱唠叨也不是真的对谁有意见，只是说说而已，真的没有意见。

心理专家：您觉得发牢骚仅仅是说说而已，其实不然，话一说出去，有什么样的反应与后果就不是您能控制的了。发牢骚无助于问题的解决，有时还会使简单的问题复杂化，使人际关系激化，造成严重的后果。例如，有一位姓刘的阿姨特别爱发牢骚，一天她因儿媳妇没有买菜，就乱说了些不负责任的话，结果刚刚怀孕的儿媳妇听了以后，气得浑身发抖，心情十分压抑，在上班途中脑子里还想着婆婆不愉快的牢骚话，没有注意交通安全，发生了车祸，伤势严重，胎儿也没有保住。儿子气得再也不与妈妈来往了，刘阿姨自己也因自己的牢骚话而有了严重的思想压力，几次无法承受现实，最终引

发了精神疾病，已经无法自理了。好端端的家庭，就这样因为爱唠叨，随意发牢骚毁掉了。

马阿姨：这个刘姐姐，不就是儿媳妇没有买菜吗？有什么可唠叨的。

心理专家：是呀，您都认为不该唠叨。不过，生活中爱唠叨的人有时遇到类似的事，就控制不住自己。您再好好回忆一下您以前的唠叨与牢骚，是不是也有相似的地方呀。其实，没有什么大的事，但就是想说，不说就觉得不痛快。说了没有任何的好处，只会造成家人对您的意见加大，矛盾加深，反感加剧。发牢骚前，要用手捂住嘴，冷静3分钟，默默地暗示自己不要说，说了也没有用，反而影响团结。这样牢骚慢慢就消失了，您也就平静了。

马阿姨：照您这么说，我以后就把嘴闭紧，什么也不说了。

心理专家：也不是闭紧嘴，按理说，一个人在不满的时候，适当地发几句无关紧要的牢骚，唠叨几句，也是正常的，可以使人的压力减弱，消除了烦恼，使自己的心气顺畅，是有一定的积极作用。但是，千万要把握住分寸，一定要看发泄的对象，如果对象很宽容，又理智，还善于倾听，就可以多发几句，说得深刻一些，透彻一些；如果对象不宽容，不喜欢听您的唠叨，就不要发，有了烦恼以后，可以暂时回避一下，等气消了以后，兴许牢骚就没有了。

马阿姨：我真的没有感觉我爱发牢骚啊！

心理专家：是啊，常发牢骚的人，已经成了习惯，对自己的唠叨与牢骚已经没有了感觉，常常认为是正常的事。这就是危险的信号，当感觉不到自己爱发牢骚时，就要注意了，要适当地收敛了。遇到烦恼与问题，在发牢骚之前，要多想一想，有没有比发牢骚更有实际意义的好办法，把牢骚转化为实际的行动。要学会换位思考，严格要求自己，对别人不苛刻，允许人家有这样或那样的问题，这样您就不感到别人身上都是缺点了，问题也就不存在了。要学会倾听，对于别人的劝解与关心的话要能听进去，您的丈夫、孩子都很关心您，给您提了一些很好的建议，您应该认真考虑一下，不要一味地坚持自己的看法。也可以与他们一起研究解决问题的办法，要相信人家，多听没有坏处。

马阿姨：啊！我真的是老糊涂了，看来要改正了。

感悟人生：纵容自己发牢骚，其实什么问题也解决不了，反而令人更加烦恼与困惑，延续不良情绪，引发预想不到的事端。聪明的人，理智的人不会发牢骚，只有无能的人，心胸狭窄的人，爱计较的人，意志力薄弱的人才发牢骚。您希望做聪明的人，还是做无能之人呢？显然，您希望做聪明之人。

一些老年人，不是把注意力集中在对待问题上，研究如何解决问题，而是专注于发泄，无休止的唠叨，结果把好事变成了坏事，把团结的家庭，搞得四分五裂，可悲的是自己还不知道是为什么呢。记住：牢骚只能积累烦恼，快乐需要一点一滴的积累，不要让自己的嘴给说没有了！

封闭心理

47.怎么也不想出门

阳光属于每个快乐的人，去享受阳光吧，快乐无穷无尽！

事出有因

60岁的王叔叔当局长八年了，今天终于从繁忙的岗位上退了下来。他计划着每天到小区散步，打太极拳，练习舞剑。第二天当他拿着宝剑来到街心公园时，看到了两个原单位的已经退休的老同志没有给他笑脸，还私下议论他霸道，也有今天的下场，没有人情味，死板、不灵活等等。气得他收起宝剑，回到了家，躺在床上睡觉了。第三天他不去街心公园了，来到距离较远的公园，可是在公园门口碰上了曾经被他处分过的一个职工，退休职工没有与他打招呼，而是凶狠地瞪了他几眼。他顿时觉得受到了人格的侮辱，于是忿忿地返回家，继续睡觉了。老伴觉得他退休的心理落差还没有缓过来，没有太在意，任由其睡觉。可是半个月过去了，王叔叔就是不愿意出门，计划好的锻炼项目一个也没有实施，面容显得苍老了很多。平时单位有些娱乐活动请

他参加，他也借故身体不舒服，委婉地拒绝人家。有些亲戚来看望他，他不冷不热的应付了事，亲戚邀请他去做客，他也委婉地回绝人家。女儿的终身大事请他出主意，他无精打采地回答说没有任何意见，女儿气得哭了好几次。原单位的一位老同事去世了，请他参加遗体告别会，他也以身体不好拒绝了。以前养成的读书看报的好习惯也不坚持了，每天的主要工作就是睡觉，喝茶水，看打仗的电视剧，几乎不出门了。

老伴感到他确实有些变化，在反复做工作不通的情况下，把心理专家请进了家。

快乐交谈

心理专家：您现在心理有什么压力吗？

王叔叔：有，而且很大，大得让我难以承受了。

心理专家：您休息了，应该轻松才是啊，能具体谈谈压力在哪里吗？

王叔叔：也不知道为什么，就是感到不是以前的滋味了。以前单位的部下见到我，老远就打招呼，脸笑得如同一朵花，可是现在却用不好的举动侮辱我，真是让我寒心啊！所以，我感到没有了尊严，都是虚情假意的，就不想出门了，也不想与任何人来往了。这样会减少烦恼，活得舒服些。

心理专家：您好好想一想，您现在真的舒服吗？真的减少烦恼了吗？我看不一定，您现在是逃避矛盾呢，是在自欺欺人呀。事实上，逃避对于减轻心理压力是没有用的，只有客观、积极地去解决，才能真正使心情舒畅起来。

王叔叔：出门他们侮辱我，我心情舒畅不起来。

心理专家：您未免有些以偏概全了，其实您开始就错了，错就错在把心情舒畅建立在别人对您的态度上了。心情舒畅是自己创造的，而不是人家施舍的。舒畅不舒畅全在于您的态度，完全掌控在自己的手中。战争年代，很多革命者在极其艰苦的条件下工作，到处是白色恐怖，但他们没有怨言，仍然乐观忘我地工作着，他们的乐观精神与态度，就是来源于他们的信心与革命必胜的信念。依我看，他们没有侮辱你的人格，是您自己多心了，自己先丧失了面对问题与困难的勇气，不敢于解决矛盾，因此看到的都是负面的现象。现在，您要特别澄清一个问题，您要想清楚为谁活着，是为自己，还是为他人。

王叔叔：为自己，也为他人。

心理专家：您的这种处事态度是非常健康的，先说为自己的问题，既然为自己而活，就要让生活的精彩起来，有社会价值，积极安排好学习与娱乐，安排好亲情与友情的交往，使家庭温馨、融洽，这样才能保证身体健康，有充分的精力享受人生。一个人快乐也是一生，痛苦与封闭也是一生，有谁不希望自己的一生是快乐的呢！再说为他人活着，为他人活着就是要敢于付出，把快乐给他人。如果与他人有矛盾，你的行为造成了他人的痛苦，就应该主动与其交流意见，化解矛盾，尽快让他们快乐起来。要学会放下架子，摆正角色，应该清楚职位的高低，并不等于人的高低，人与人是平等的，谁规定了部下就要先向上级微笑，打招呼啊。如果您能换位思考，主动向部下打招呼，部下不就得到快乐了吗。举手之劳的事情，会有着神奇的结果发生。与人交往中要仔细考虑一下人家的内心感受，不要按照自己的内心感受来要求别人。

王叔叔：这些以前没有人跟我说过，我怎么这么不开窍啊。

心理专家：其实，您不是不开窍，而是心里没有平静下来，不能站在普通人的角度考虑问题。人是群体性动物，只有与人交往，愿意为他人奉献，为社会奉献，活得才有意义。要明白，职务是组织给的，只有自己心态平和起来了，您才能真正地平静地对待一切了。那时，您也就没有气可生了。

王叔叔：我真的要放下架子了，明天我就出门主动与人家微笑、打招呼。

感悟人生：一些在领导岗位上刚刚退下来的老年人，其心理防线比较脆弱，思维也比较偏执，他们很注重自己的名声和荣誉，特别爱面子，容易把简单的问题看得很严重，需要引起人们的高度重视。

老年人自己也要随时调整自己的心态，忘记过去的“荣耀与花环”，把自己变成一个普通人，以平等地眼光看待任何事，任何人。心宽才能快乐，心静才能体味人生的乐趣。记住：阳光属于每个快乐的人，去享受阳光吧，快乐将无穷无尽！

48. 不爱参加任何活动

人生活在群体之中，脱离了集体，快乐就无从谈起了！

事出有因

66岁的姜叔叔文化水平很高，一直在单位搞技术研究工作，人非常正直，特别要面子。平时话不多，工作起来默默无闻，是个勤恳之人。一次，他因为一个小失误，使单位受到了经济损失。单位的领导并没有责怪他，还告诉他不要有思想包袱，但是他却感到脸面无光，不好意思再见单位的同事了，就主动提出退休，单位领导再三挽留，他执意不肯。退休后，他主动把自己隔绝起来，从不与原单位的人来往，也不与邻居交流。老伴认为他以前性格内向，刚刚退休可能不适应，也没有太在意。可是三个多月过去了，姜叔叔仍然不与人交往，真的把自己封闭起来了。星期天，儿子与儿媳妇准备开车带他去爬香山，他严肃地拒绝；老单位有一个庆祝会，由于有他以前的设计成果，就派人邀请他去参加，他以身体不舒服为由拒绝了；老单位一个设计预案希望他发挥余热参与讨论，他以精力不够为理由拒绝了；社区老年年合唱队希望他参加，他以嗓子不好，委婉地回绝了；自己的亲侄子结婚，专程来邀请他参加，可是他一点面子也不给，侄子结婚当天，他竟然以心脏不舒服没有参加，闹得侄子很有意见；前不久，单位组织退休老同志体检，令人不可思议的是，他自己来到医院门口，犹豫了一会后，又返回家去了；后来，单位组织退休老同志到海边度假，火车票都给他买好了，快上车时，他又改主意了，大家很不理解他的反常行为。老伴很担心他的健康，多次劝说他要开朗起来，多参加活动，可是没有效果，情急之下，请来了心理专家。

快乐交谈

心理专家：能谈谈您现在是怎么想的吗？

姜叔叔：我也没有准确的想法，感到没有一点快乐，不想参加人多的活动，更不愿意见到单位的老人，怕他们笑话我。

心理专家：有的人喜欢安静，不爱参加无关紧要的集体活动，可以理解，但是不愿意见到单位的老人不应该吧，单位的老人伤害过您吗？他们会笑话

您什么呢?

姜叔叔：正是因为他们没有伤害过我，所以我才害怕见到他们，因为我给单位带来了损失，影响了单位的效益，让老同事们没有了奖金，我愧对他们，没有脸面见他们了。害怕老同事们笑话我工作出了丑，没有真本事，白活这么大了。

心理专家：其实我看是您自己想多了，单位的人怎么能笑话您呢，您为人正直无人不晓，为了单位作出了巨大的贡献，单位是不会忘记您的。您仔细回想一下，您提出退休时，单位领导再三挽留您，很多活动都想着您，体检、旅游、庆功会、参与讨论设计预案等等都考虑您了，这充分说明您在老单位的地位与影响，事实证明您在单位是有人缘的，证明您的价值被大家认可，大家都想念您。一个人犯错误是正常的，哪有不犯错误的，以前您在工作中的小失误，并不是您主观意愿所为，而是多种原因造成的，责任不全在您的身上。单位领导也没有责怪您，您怎么心中还装着这件事呀。要学会忘记，善于把烦恼忘得一干二净。人生的时光很短暂，要做的事情还很多，每天都生活在自责之中，痛苦与压抑就会找上门；每天让自己快乐，让自己有追求，让自己的价值体现出来，幸福与价值感就会伴随您身边，让您激情四溢，充满朝气。

姜叔叔：既然我犯了错误，单位不惩罚我，我就要自己惩罚我自己，不能随意原谅自己的过失呀。

心理专家：犯错误，自己不轻易原谅自己我赞成，但是要因错误的性质、大小与利害程度而决定惩罚的尺度。尺度要合情合理，不能过深，也不要太浅。您的错误并不是原则问题，也不是敌我矛盾问题，更不是思想道德与品质问题，而是工作中的小失误，是在可以原谅的范围之内的错误。自我惩罚的时间短一些，程度轻一些就可以了，关键是要看以后的态度与行为表现。您既然认识到了错误，也自觉地坚持改正，就要以诚恳的态度，积极的行动去改正，这样才说明您真正想改正错误，弥补原来的工作失误。您拒绝参加集体活动，就是逃避错误，而不是想改正错误。单位现在需要您帮忙，既然您要改正以前的错误，就要积极地响应单位的召唤，全身心地投入到工作之中，这样才能证明您改正了错误，思想认识提高了。您现在封闭自己的异常行为，是自罚太深了，真的有些过分了，只能说明您在继续犯错误，其结果

是错上加错。由于您在继续犯错误，导致您身边的亲人不愉快，为您担心着急；给老单位同志们留下了不好的印象，不配合单位工作，使单位蒙受更大损失，您想想，这是您的初衷吗？

姜叔叔：不是，可是我们知识分子要有骨气啊。

心理专家：知识分子是应该有骨气，可是骨气不是轻易显现的，主要看对什么事、什么人，对象不同，骨气也应有所不同。您在金钱、地位、人格、品德、敌人等面前保持高尚的品格，勇敢的精神，显现出坚定的骨气，是值得人们赞扬的；但如果您把封闭自己，孤立自己，拒绝发挥余热，不与人交往也看成是骨气，就大错而特错了。现在，你应该放下心理包袱，积极参加集体活动，在集体中能使人感到信任、温暖与快乐，会使您受益无穷。不要犹豫了，大胆地行动吧，没有人会笑话您的。

姜叔叔：我明白了我的问题，看来我得走出家门，参加有意义的活动了。

感悟人生：生活中，无论遇到什么样的挫折，都要勇敢地去接受与面对，逃避是没有用的，封闭自己等于错上加错。要善于跳出自我封闭的圈子，多看到自己的优点，使自己自信起来。要以诚实之心对待他人，敢于向单位、组织、亲人敞开心扉，把烦恼及时地吐露出去，这样您会觉得生活原本是简单、轻松与快乐的。记住：人生活在群体之中，脱离了集体，快乐就无从谈起了！

随众心理

49. 他总是人云亦云

适合自己的才是最好的，始终相信自己吧！

事出有因

胡叔叔今年66岁了，性格内向，心地善良，老伴总说他没有“主心骨”，

偏听人家的话。大家说这个好，他也说好，说那个有营养，能使人长寿，他就赶快去买；亲戚说现在这个不能吃，他也就不吃了；听大家说某个食品里有添加剂，容易发生癌变，他吓得再也不敢吃了；听人说一种水果上有“着色剂”，会引发血液病，他立刻就不买这种水果了；本来有饭后散步的好习惯，可是听人家说饭后散步不好，从此再也不饭后散步了。老伴劝他改一改，有点男子汉的“骨气”，就是听不进去。最近，他听说东南亚有可怕的禽流感，从此不敢吃禽类了，家里的餐桌上，老伴和孩子们最爱吃的鸡、鸭不见了，闹得老伴与孩子对他很有意见。一天，他听邻居说，有些绿豆芽里含有发酵素，人吃了会生病，从此再也不买绿豆芽了。更为奇怪的是平时他最喜欢吃的豆腐，现在也不敢吃了，原因是听老街坊说豆腐里的凝固剂可以使人血管里的血液粘稠。散步时，听老同事说疯牛病很可怕，最好不要喝牛奶了，回家后把多年喝牛奶的习惯改掉了，等等。老伴和孩子多次提出“抗议”，他就是听不进去，坚决不改正。

老伴担心他这样发展下去，会造成严重的后果，于是请心理专家帮助。

快乐交谈

心理专家：您关注饮食卫生，注重身体健康是好事，说明您爱护自己的身体，也爱护家人。

胡叔叔：是的，我真的特别爱护家人，担心他们吃有毒食品，影响身体健康。

心理专家：您对家人这样的爱护的确令人敬佩，可是我觉得不应该太过分了，如果爱护的让人有了压抑，无法使人接受，是不是就太累了。您现在心情有些紧张，对一些没有根据的信息比较敏感，没有自己的想法，这是不应该的。平时注意饮食卫生，讲究饮食营养是应该的，但您也要明白，人的营养来源主要靠各种食物供给，长期缺乏食物中的某些营养元素，会导致身体机能下降，身体素质变差，疾病就会慢慢地找上门来。

胡叔叔：我担心食品污染，所以宁肯不吃，我也不想生病。

心理专家：生病的问题很复杂，有些疾病与吃有关系，有些疾病与吃什么食品没有必然的关系。现在确实存在着污染的问题，但是也不要草木皆兵，政府部门有一套严格的检测、检疫手段，执法力度也在加强，只要到正规的

菜市场、超市买东西，一般安全问题还是有保证的。其实，污染问题是个全球化的问题，全世界的科学家都在研究对付污染的问题，不要过于恐慌。人体医学证实，人体自身抵御毒素的机能相当强，平时的很多毒素都是被体内的免疫系统给消灭的。

胡叔叔：可是人家说的有鼻子有眼的。

心理专家：您不要总是听信别人的话，有些话可以信，有些话要分析着听，要学会动脑子分析问题。平时，应该多从正规的渠道获取信息，注意收看电视新闻，收听电台广播，看正规的报纸，有选择地读一些保健与营养知识的书籍，提高自己辨别是非的能力。可以去防疫及卫生部门，向工作人员了解疯牛病是怎么回事，禽流感是怎么传播的，牛及家禽是怎么被感染上的，又怎么传染到人身上的。问一问市场上的水果、蔬菜、豆腐是否含有毒素，怎样解决这些问题。遇到问题，先不要盲从，要科学、积极地分析问题，判断信息是否真实、是否符合客观规律。如果自己没有能力弄明白，可以向权威部门咨询，让权威部门给予正确的答复，这样就会使自己智慧起来，慢慢地也就有了主见。

胡叔叔：看来我真的该加强学习了。

感悟人生：一些老年人由于信息来源比较少，接受新知识也比较慢，所以特别容易受到外界干扰，往往容易相信传言，对人家说的、人家做的，容易盲从，从而作出许多令人涕笑皆非的事情来，希望引起家庭、社会的重视。每个人都有适合自己的生活规律，有自己的行为方式，不要硬是把别人的东西，强加给自己去适应，这样就如同“邯郸学步”一样，让人笑话。

毛主席说：“活到老，学到老”。为了提高思想觉悟，特别是加强自己的认知能力，老年人一定要培养学习兴趣，加强学习，学会辨证地看问题，这样才能使自己变得逐渐有主见。记住：别人的认识不一定是正确的，适合别人的不一定也适合自己，只有适合自己的，才是最好的。

50. 对偏方有兴趣

无论什么情况下，都要相信科学。

事出有因

今年72岁的赵奶奶身体健康，生活特别有规律，原本很随和，可是最近不知是怎么了，有病不愿意上医院，要自己用偏方治疗。

有一天，她胳臂上长了脓包，很痛苦，家人建议她去医院看一下。她自己非用偏方治疗，找来几头大蒜捣烂，涂抹在脓包处，第二天，脓包继续长大，更加疼痛。她仍然坚持涂抹蒜泥，过了几天脓包感染破裂，不仅胳臂抬不起来了，还发烧了。万般无奈的情况下，去了医院，连吃药带打针，才使炎症得到了控制。医生严肃地告诉赵奶奶，这种脓包，单靠几头蒜根本不能起到治疗作用。以后千万不要迷信偏方了。赵奶奶强词夺理说邻居王大妈说的，这个偏方特别管用，她前不久也长了脓包，就是使用蒜泥治愈的。

一天下午，赵奶奶前胸憋得慌，呼吸紧促，满头大汗，老伴劝她去医院，她说是胃胀的原故，用白萝卜熬点汤喝，顺顺气就好了。老伴熬了白萝卜汤给她喝，当时确实有些缓解，可是到了半夜，她突然呼吸急促，话也说不出来了，家人赶忙叫了救护车。医生经过紧急抢救，才把极其危险的赵奶奶抢救过来了。原来是突发心脏病，情况很危险。

又有一次，老伴头晕，赵奶奶按照邻居李阿姨的偏方，给他熬了葱、姜及红糖水，可是连续喝了好几天，汗出了不少，仍然没有效果，直到一天晚上老伴头昏严重，在卫生间摔倒，赵奶奶才把他送进了医院。医生说是高血压，需要住院治疗。

前不久，她总感觉口渴，就按照邻居姜阿姨的偏方吃西瓜，每天都买一个西瓜吃，一个月过去了，口渴的感觉继续加重，而且食欲大增，小便频繁，人显得消瘦了很多，浑身没有力气。老伴害怕了，就劝她去医院，她拒绝去医院，继续用邻居提供的偏方。恰好赵奶奶的儿子回家来，发现情况很严重，怀疑是糖尿病，就劝她去医院。赵奶奶生气地说没有什么大事，千金难买老来瘦，人瘦一点是好事。儿子见说不过妈妈，就把心理专家请进来。

快乐交谈

心理专家：您为什么这么依赖偏方呢?

赵奶奶：我经常与邻居在公园散步、锻炼身体，其中有五个老姐妹与我的关系特别好，到了无话不说的地步。五位老姐妹都有思想，有主见，对我的影响很大，我觉得她们比我有见识，听她们的准没错儿。她们从不去医院，有病使用偏方治疗。我特别相信这几位老姐妹说的话所以就不愿意去医院了。

心理专家：其实，我并不反对偏方治病，偏方是民间治疗疾病的经验总结，是祖国传统医学的一部分。一些偏方很灵验，是民间长期实践经验的积累，但是由于每个人的情况不一样，病情的实质也不一样，只是凭着经验治疗就不科学了。

赵奶奶：都是口渴，人家使用偏方治疗管用，我使用偏方病情怎么不轻，反而重了呢?

心理专家：偏方只能针对某一种简单原因引起的口渴有效果，如果是比较复杂的疾病引起的口渴，只靠偏方根本就没有什么治疗作用，反而延误了治疗时机，加速病情的发展，甚至会造成不可逆转的悲剧。

赵奶奶：啊?有这么严重呐!

心理专家：是的!前不久有位70岁的患者，前胸疼痛难以忍受，他自己以为是胃口不好，就用偏方拔火罐治疗。结果拖延了2个小时，把病情耽误了，最后因心脏供血不足，还没来得及叫急救车，就死亡了。如果当初他发现前胸不舒服，马上就叫“120”的话，可能抢救及时就没事了。所以说遇到比较严重的疾病，千万不要迷信偏方，一定要看医生。

赵奶奶:太可惜了!可是,口渴与死亡似乎远了一点,没有心脏病严重吧。

心理专家：口渴的问题千万不能马虎，糖尿病会造成口渴，如果不认真及时地进行检查治疗，任其发展下去，会引发严重的并发症，危及生命啊!

赵奶奶：啊，原来有这么严重啊!

心理专家：老年人勤往医院跑是好事，千万不要害怕麻烦，有病主动去医院，了解自己的身体状况，这是延年益寿的重要前提。有些疾病不去医院及时治疗，就会有生命危险。

赵奶奶：偏方就不能用了吗?我想不通。

心理专家：不是说不能用了，您应该清楚，偏方的确可以治疗疾病，但

是必须在有把握的前提下使用，不分青红皂白盲目地使用，可能会出问题。

赵奶奶：可是我还是相信姐妹们说的偏方。

心理专家：偏方可以使用，但是遇到拿不准的病，应该去医院看医生，不能太固执。很多偏方是在缺医少药，技术不发达的远古时期产生的，科技含量不高，没有严格的治病机理。现在的大医院科技含量高，对各种疾病的诊断已经达到了相当高的水平，对疾病的治疗有着一套科学的治疗方法，要学会利用现代化的医疗技术给我们带来的快乐。

赵奶奶：看来我真的要去医院检查了。

感悟人生：生活中要有自己的主见，要相信科学，按照科学规律办事情，千万不要轻信别人，更不能盲从。现实生活中，一些老年人由于不注重学习，缺乏新思想、新观念，特别容易出现依附于他人的情况，对事物没有正确的判断，没有自己的主见，人家说什么，自己跟着说什么，结果把本来很简单的事情，反而给闹得复杂了。

偏方治病不假，但不是万能的方法。遇到自己拿不准的疾病，最好还是去医院看医生，否则会贻误病情，危及生命。记住：要有自己认知能力，学会自己分析问题，判断问题，解决问题，这样的生活才有滋有味。

后 记

这本书的完成，得到华龄出版社编辑老师们的帮助和鼓励，得到了苏辉总编的大力支持，得到了责任编辑老师的具体指导和协作，更得益于出版社负责校对的老师们精细润笔。特此向以上编辑、老师们表示衷心感谢。

为了帮助老年朋友妥善处理心理健康问题，提高心理健康水平，笔者深入细致地对老年人的心理健康问题进了实际调查与研究，通过对大量的生活中的具体事例进行分析，明确地指出了解决老年人心理问题的方法，让老年人明白了心理问题的来源与化解途径，给老人以现实的启发。

本书在写法上不是很规范，距编辑的要求和广大读者的需求相差较大，自己也不是很满意。由于作者水平有限，书中尚有许多不妥和欠完善的地方，特别是有些心理分析，由于篇幅有限还不是很透彻具体，希望读者批评指教。

李澍晔　刘燕华

2014年10月12日于北京郊区老房子

（Caihongxinlingzhan@163.com）